世界のおつま図鑑

下酒菜圖鑑

從文化、趣味、專業角度，讓飲酒吃食更盡興

目錄

世界下酒菜圖鑑　Part 1

世界下酒菜圖鑑　Part 2

異國風下酒菜

愉快享用下酒菜的小祕訣　Part 3

世界下酒菜食譜　Part 4

下酒零食與酒肴

喝酒時搭配的食物稱為「下酒零食」或「酒肴」。
「肴」到底是什麼呢？和「下酒零食」又有什麼區別呢？
接下來將為各位解答。

「下酒零食」或「酒肴」

　　喝酒時配著吃的小東西，稱為「下酒料理」或是「酒肴」。這些喝酒時品嘗的食物，在日本原本稱為「酒菜」（sakana），也就是「酒」與「配菜」這兩個字的結合。後來「肴」這個漢字從中國傳來，由於這個字帶有「喝酒時搭配的料理」的意思，於是「酒菜」也開始被稱為「肴」（sakana）。在奈良時代（8世紀）的《常陸國風土記》中，已經能夠看到「酒肴」這個詞彙。當時代表性的酒肴是鹽、味噌、醃漬海鮮或內臟、曬乾的貝類、水果、堅果、燒烤料理（例如烤魚）、蒸煮料理（例如蒸貝類）、燉煮料理（例如燉煮蔬菜）等。

　　至於「下酒零食」（otsumami）則是從平安到室町時代（約8～16世紀）開始使用的詞彙。奈良時代流傳下來的「酒肴」中，鹽與曬乾的貝類、水果、堅果等可以用手指拿起來吃的小點心，被稱為「手指食物」（tsumamu-mono）。因為這些點心不需要拿筷子夾，用手就能品嘗。而手指食物說得文雅一點，就成了「下酒零食」（otsumami）。下酒零食，指的就是「酒肴」中能用手拿起來品嘗的小點心。

　　當然到了現在，已經沒有這樣的詳細區別了，所有配著酒一起品嘗的料理，全部都稱為「下酒菜」。

　　附帶一提，酒的「伴食」（ate）主要是關西自古以來使用的詞彙，據說取自「兩個物體密合」（ategau）的意思。《大坂繁花風土記》（1814年）中記載了「酒餚為伴」。此外，也有一說認為「伴食」原本是大阪的劇場人員用來指稱餐點配菜的行話，後來也如此稱呼酒肴。

肴與魚的微妙關係

日語中的「魚」現在讀作「sakana」，但直到江戶時代都讀作訓讀的「uo」或音讀的「gyo」，沒有「sakana」的讀法。到了江戶時代，江戶灣（東京灣）盛行漁業，魚類開始出現在庶民的餐桌上。於是生魚片或烤魚等魚類料理成為熱門的「酒肴」（sakana），「酒肴」相當於「魚類料理」的印象逐漸增強，最後「魚」就開始被讀作「sakana」了。

· ·

酒與下酒菜的世界史

除非有宗教上的理由，否則全世界都在喝酒，
各國都有堪稱「國民酒」的酒精飲料。酒在何時誕生？
又是被如何品嘗？當時搭配的下酒菜是什麼呢？接著讓我們一起學習酒的歷史。

古代的酒

中國從西元前 7,000 年左右的遺跡出土的陶器碎片中，檢驗出由米、果實、蜂蜜等所釀造而成的釀造酒成分。當時是「黃河、長江流域文明」的時代，這時出土的酒也被視為考古學上世界最古老的酒。《論語》中也有許多關於酒的記述，例如「惟酒無量，不及亂」等，因此推測酒在西元前 5 世紀左右，就已經成為一般飲料。

至於中東地區，則在伊朗北部某個西元前 5,400 年左右的遺跡出土的壺中，發現了葡萄酒的殘渣。此外，被視為西元前 3,000 年代古物的蘇美黏土板中，也有關於啤酒的記述。

古埃及似乎在西元前 2,700 年左右就開始喝葡萄酒，從圖坦卡門陪葬品中的壺，也檢驗出葡萄酒的成分，而當時也留下將啤酒分配給金字塔工人的紀錄。後來，釀造啤酒的技術就流傳到英國及比利時。

古希臘與羅馬帝國從當時就是葡萄的產地，因此似乎很早就開始大量生產葡萄酒，並在地中海周邊廣泛交易。此外，葡萄酒的釀造技術，也隨著羅馬帝國將勢力範圍擴大到歐洲各地的過程中逐漸流傳開來。實際上，法國的波爾多與勃根地等地，的確從當時就開始釀造紅酒。

中世紀的酒

緊接在葡萄酒與啤酒之後的是蘇格蘭威士忌、法國干邑白蘭地、俄羅斯伏特加與其他蒸餾酒。推測蒸餾酒在 10 世紀之前發明，是由煉金術士偶然製造出來。

關於酒精蒸餾的最早紀錄出現在 11 世紀初的南義大利，而且竟然是醫師製造的藥用酒精。蒸餾酒在接下來的好幾個世紀都被當成醫藥品使用，而後才逐漸在日常生活中飲用，成為一種嗜好。威士忌在 16 世紀後半，琴酒與蘭姆酒等則在 17 世紀逐漸普及到一般庶民。

酒館的誕生與下酒菜

酒館與酒及下酒菜的關係密不可分，相當程度影響了下酒菜文化。《漢摩拉比法典》中留下西元前 18 世紀的巴比倫曾存在酒館的記述，被視為全世界最古老的酒館。當時還沒有貨幣，據說人們使用大麥做為支付工具。貨幣誕生於西元前 7 世紀，自此之後，酒館這種經營型態就逐漸擴及整個歐洲。

酒館在 12 世紀之後正式普及，當時很多教堂與修道院身兼葡萄酒與啤酒的釀造所，就這樣發展成酒館的也不少。此外，也有一些原本在自家從事啤酒釀造與販賣工作的人，轉為經營酒館。至於下酒菜則以麵包與水果為主。

16 世紀前後，原本僅限在都市地區的酒館逐漸拓展到農村，再加上宗教改革的影響，不再允許在教堂飲酒，於是酒館數量開始爆炸性增長。酒館內開始販賣地區的鄉土料理，例如馬鈴薯料理、肉類料理、燉菜等，都是受歡迎的下酒菜。

大航海時代與下酒菜

到了大航海時代（15 世紀中旬～ 17 世紀中旬），歐洲各國開始往北美大陸及中南美大陸殖民，歐洲的飲食文化（包含酒與釀造技術）與北美洲及中南美洲的互相流傳，融合在一起。受到人民喜愛的國民酒（原料是該國特產的穀物）在這樣的狀況下誕生，被稱為國民美食（不分性別

與世代，在該國相當普及的食物）的料理也成為眾所喜愛的下酒菜。例如巴西的卡沙夏（Cachaca）與巴西窯烤、墨西哥的龍舌蘭（Taquila）與塔可餅等。這些美酒與美食正因為巧妙地融合了歐洲與美洲原住民的飲食文化，所以才會至今依然受到喜愛吧？

酒與下酒菜的日本史

日本沒有被歐洲殖民，在鎖國政策當中培養出自己的文化。
那麼日本最古老的酒是什麼樣子呢？日本酒是從何時誕生的呢？
日本的下酒菜又是如何發展的呢？接著讓我們學習日本的酒與下酒菜。

飲酒文化的黎明期與下酒菜

　據說日本最古老的酒是「口嚼酒」。將米或薯類放入口中咀嚼後吐出，經儲存而發酵後就會成為酒精。口嚼酒與古代日本的祭神儀式密不可分，也留下了巫女咀嚼釀酒的紀錄。

　雖然日本酒的起源眾說紛紜，但至少在奈良時代（8世紀）就已經確立了以麴釀酒的方法。由於當時的日本有將酒供奉給神明，祈求豐收與無病消災的信仰，因此酒在當時是祭典、新年、慶典等神與人交流時的飲料，具有結合神與人的神聖意義，只有朝廷、武士、僧侶等部分特權階級允許飲用。尤其平安貴族酒宴中的大饗料理（日本料理的基礎），更是奢侈的下酒菜。

　酒在鎌倉時代（大約13世紀）開始普及到庶民，前面提到的「酒肴」品項——鹽、味噌、醃漬海鮮或內臟、曬乾的貝類、水果、堅果、燒烤料理（例如烤魚）、蒸煮料理（例如蒸貝類）、燉煮料理（例如燉煮蔬菜）就是在這時確立。

酒文化的成長期與下酒菜

室町時代（大約 14～16 世紀）是飲食文化急速成長的時期。農業的進步帶來稻米產量的提升，造船技術的發達使漁夫不只在沿岸捕魚，也展開了近海漁業，於是市場上的魚種大幅增加。食品的種類也迅速變得豐富。除了直到明治時代才傳入的歐美食品之外，其他日本使用的食材在這個時代幾乎都已經具備。

承襲大饗料理系統的本膳料理也在這時確立。這是由「膳部」將料理分配到每位賓客的小桌上的「銘銘膳」，由湯品與菜品構成，就像定食一樣。本膳料理成為料理的基礎，帶給日後的日本飲食文化莫大影響。

酒也逐漸變得普遍。釀酒業急遽成長，細頸酒瓶「德利」之類的酒器發展成熟。酒裝在木桶中販賣，親朋好友飲酒聚會成為日常。

安土桃山時代（大約 16 世紀），蒸餾技術從琉球（今日的沖繩）傳到九州，芋燒酎就從這時開始釀造。史籍中也留下了織田信長與豐臣秀吉飲用琉球泡盛與芋酒（芋燒酎）的紀錄。

江戶的居酒屋文化

從江戶時代初期（17 世紀）就有居酒屋，原本只是由賣酒的店家提供一個場地，讓從外地來江戶工作的人、受雇者、單身外派到江戶的武士等可以喝酒（稱為「居酒」），後來出現以提供居酒為本業的賣酒店家，於是這樣的店家就被稱為居酒屋。這種經營型態也在一般民眾之間大肆流行，根據紀錄，文化 8 年（1811 年）當時曾有 1,808 家居酒屋。

當時垂掛在居酒屋入口的不是繩門簾，而是以繩子吊掛著做為下酒菜食材的魚（後來成為居酒屋象徵的繩門簾在幕末時期登場），店內提供清酒、中取（榨酒分為前、中、後三段，中取是中段流出的酒液，被視為最精華的部分）、濁酒等，可根據預算選擇。江戶人喝酒時不使用德利酒壺，而是以銅壺的熱水溫熱裝在銚釐（溫酒時使用的酒器，江戶時代一年四季都喝溫酒）裡的酒，再倒進小酒杯飲用。如果喝的人很多，也經

常共用一只小酒杯，大家輪流傳著喝。此外，居酒屋沒有桌椅，客人喝酒時坐在床几（長椅子）或蓆子上。據說站著喝的情況也不少。至於下酒菜的餐具或裝著銚釐的盆子等，就直接擺在床几或蓆子上。

　　酒的價格落差很大，像濁酒這種最低等級的廉價酒，點餐時基本上會講明價格與想喝的量，例如「1 合（180 毫升）四文的酒，給我 2 合半」。一文換算成現在的幣值大約 13 日圓，所以 1 合只要 52 日圓，非常便宜。至於也被指定為將軍御膳酒的伊丹酒「劍菱」、池田酒、以「灘之生一本」聞名的灘酒，則因為其風味在從京都或灘（兵庫）運送到江戶的過程中變得更加醇厚，而被列入「大極上」或「上酒」的等級。這些高級酒 1 合要價 312 ～ 364 日圓，是濁酒的 6 ～ 7 倍。據說即使是相當上級的武士，也鮮少去碰「大極上」等級的高價酒，差不多只有成功商人喝得起。

江戶時代的人氣下酒菜

　　江戶時代的居酒屋，沒有像現代這樣的詳細菜單，只有稱不上菜單的簡易菜色列表，因此顧客一般都會問店員「今天有哪些下酒菜？」不過似乎還是有些經典菜色，文獻中也留下江戶時代後期的居酒屋經典下酒菜的記載（參考下頁）。

　　除了文獻中列出的下酒菜之外，泥鰍味噌湯、小魚乾、燉煮章魚、燉煮南瓜等也成為經典菜色。

　　江戶時代後期到幕末，隨著日本開國，各種外國文化開始傳入，尤其在安政 5 年（1858 年）締結日美修好通商條約之後，各項條約陸續簽訂，因條約而開放的港口設置了外國人居留地。後來，居留地內的貿易公司即使位於日本，也開始利用關稅減免制度輸入、販賣洋酒。雖然洋酒在以前就傳入日本，但從這時才開始正式進口。然而，洋酒在日本卻無法普及，雖然高價也是原因之一，但舉例來說，當時即使用「英國之血」宣傳紅酒，對日本人而言還是沒什麼概念。

1 田樂

這道下酒菜從賣酒的店家兼營居酒時就很受歡迎，因此後來的居酒屋也繼承了這道料理。田樂在日後發展成關東煮，江戶也出現販賣關東煮與溫酒的攤販。這個時代的關東煮是一種將味噌塗在水煮蒟蒻或小芋頭上的料理，燉煮的關東煮要到明治時代才出現。

2 翻煮小芋頭

邊燉煮小芋頭邊翻動，煮到醬汁收乾的料理。由於非常受歡迎，因此專賣這道料理的居酒屋也越來越多，而這些居酒屋就被稱為「芋酒屋」。

3 河豚味噌湯

河豚從當時就被視為危險的魚類，如果吃到毒素就會立即死亡，因此被稱為「鐵砲」。當時最具代表性的河豚料理法是煮成味噌湯，這道湯品在 1700 年代中旬開始在居酒屋的菜單中登場，後來發展成經典下酒菜。

4 河豚鱉煮

河豚也會以鱉煮的方式提供。鱉煮原本以鱉為食材，先將鱉用油炒過之後，再加入醬油、砂糖、酒、薑汁燉煮，而河豚鱉煮就以河豚取代鱉。

5 鮟鱇魚味噌湯

鮟鱇魚原本是一種高級食材，後來逐漸變得大眾化。被放上居酒屋的菜單後，就成了經典的人氣下酒菜。

6 鮪魚料理

鮪魚在江戶時代被視為下等魚，價格也很便宜，因此很快地就被放進居酒屋的菜單裡。代表的吃法是與蔥一起燉煮的「蔥燉鮪」或「鮪魚味噌湯」。到了 1800 年代，菜單中也開始出現鮪魚生魚片。

7 湯豆腐

湯豆腐很早就成為居酒屋的經典菜色，沾醬使用醬油與花鰹魚調製，佐料則有蔥花、蘿蔔泥、辣椒粉、淺草海苔、辣蘿蔔泥等。

8 豆渣味噌湯

加入豆渣的味噌湯，被認為能夠緩解宿醉，因此受到在遊廓（妓院）附近玩到早晨的顧客喜愛。

明治時代的下酒菜文化

到了明治時代，日本人的生活型態因文明開化而西化，西方的飲食文化也大量傳入，啤酒就是代表性的例子。日本人在明治 5 年（1872 年）開始釀造啤酒，後來啤酒也

逐漸在日本人之間普及。對當時的一般人而言，說到喝啤酒的地區，就是以橫濱與東京為中心逐漸增加的牛鍋屋與西洋料理店了。然而，當時能夠以牛鍋或西洋料理搭配啤酒的只有部分富裕階級，啤酒還需要一段時間才降低到庶民也負擔得起的價格。原本被當成富裕象徵的啤酒，終於成了能夠輕鬆飲用的嗜好品，根植在人們的飲食生活當中。後來就連當時最流行的輕食店也開始提供啤酒，於是麵包與簡單的西式料理就成了最合適的下酒菜。

明治 19 年（1866 年）葡萄酒的營收一口氣翻了三倍。其實這年霍亂在日本大肆流行，超過 10 萬人因此犧牲。而葡萄酒含有治療霍亂的成分，適合預防疾病、維持健康，於是逐漸普及，就連庶民也養成了飲用的習慣。

明治 32 年（1899 年）惠比壽啤酒館（Ebisu Beer hall）開幕，雖然推出了下酒菜薄切蘿蔔佐鹽卻乏人問津，最後被蜂斗菜與蝦子的佃煮取代。至於其他啤酒館的下酒菜，除了德式香腸之外，還有烤麻雀與河蝦等。啤酒館根植庶民文化時，經典的下酒菜是花生、鱈魚乾與魷魚，直到二次世界大戰結束，薯片與德式香煎馬鈴薯退流行後，薯條、毛豆與烤雞肉串才成為啤酒館的經典菜色。

到了明治後期，融合日式與西式料理的「洋食」誕生，咖啡與酒吧等開始受到歡迎，邊喝啤酒邊吃炸豬排、咖哩飯、燉菜等料理成為日常的情景。日本料理店也提供啤酒，人們逐漸接受了日西融合的飲食型態。

自此之後，啤酒成為日常習慣飲用的酒類，而日本酒、燒酎與葡萄酒反覆歷經熱潮，逐漸去蕪存菁。威士忌、伏特加、蘭姆酒、龍舌蘭等也嶄露頭角，調酒逐漸普及。人們開始品嘗世界各國的料理，有些甚至成為家常菜色。就某方面來看，現在正處於酒與下酒菜文化的成熟期，而其發展原點或許就在明治時代。

本書的閱讀說明

本書嚴選許多世界各國的下酒菜，並且介紹適合搭配這道料理的酒精飲料

圖鑑的使用說明

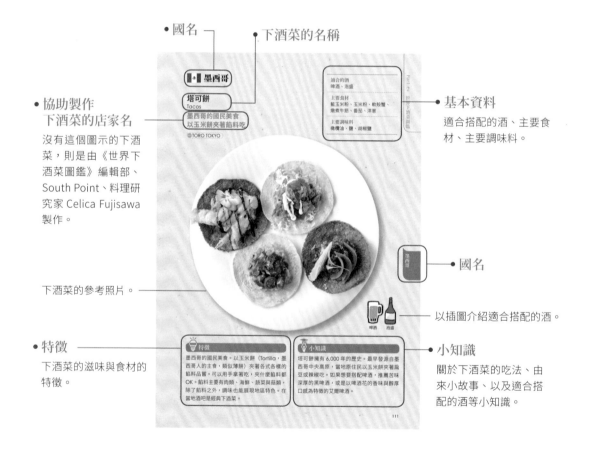

• 國名

• 下酒菜的名稱

基本資料
適合搭配的酒、主要食材、主要調味料。

• 協助製作
下酒菜的店家名
沒有這個圖示的下酒菜，則是由《世界下酒菜圖鑑》編輯部、South Point、料理研究家 Celica Fujisawa 製作。

• 國名

• 以插圖介紹適合搭配的酒。

下酒菜的參考照片。

• 特徵
下酒菜的滋味與食材的特徵。

• 小知識
關於下酒菜的吃法、由來小故事、以及適合搭配的酒等小知識。

注意	・本書根據《世界下酒菜圖鑑》編輯部獨自的調查與選擇，介紹世界各國的下酒菜。
	・因使用本書介紹的下酒菜、酒類、罐頭等而產生的一切損害、受傷或其他狀況，本書出版社概不負責。

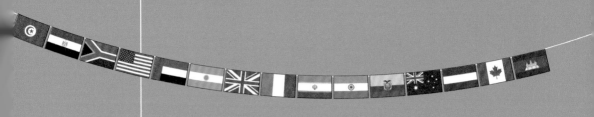

Part 1

世界下酒菜圖鑑

無論古今東西，有酒的地區就有下酒菜。

沒錯，下酒菜與酒形影不離。如同各位所知，

除了宗教因素而必須禁酒的國家之外，

全世界都在喝酒，而喝酒時當然也少不了下酒菜。

那麼，現在世界各地的人們喜愛的下酒菜有那些呢？

無論哪種下酒菜，必定反映出濃厚的該國或該地區色彩，

並與其飲食與飲酒文化密不可分。

接下來將介紹世界各國與各地區代表性的下酒菜與其特徵，

以及料理及飲酒文化。

非洲

　　非洲是地球面積排名第二大陸，涵蓋了地中海型氣候、熱帶雨林氣候與草原氣候，每個國家的氣候都有差異，分布了 100 個以上不同的民族圈，也因為氣候與民族的差異，而產生了多樣的料理文化。這次介紹的 3 道代表性下酒菜，分別來自北非的突尼西亞、埃及，以及南方的南非共和國。北非面對著地中海，數千年來因大量的商人、旅行者與侵略者等，從外部帶來了豐富的飲食文化。只不過北非屬於伊斯蘭文化圈，只限使用清真食材（伊斯蘭教法允許食用的食材），也禁止飲酒，但當地人還是會偷偷地喝葡萄酒、當地啤酒、無花果酒等。至於非洲南方的料理，則融合了非洲自古以來的飲食文化與歐洲及亞洲料理。無論黑人、白人都喜歡肉乾與烤肉，除了傳統的釀造酒之外（釀酒是家庭主婦最重要的工作），啤酒也很受歡迎。

☾ 突尼西亞

布里克餃
Brik

突尼西亞鄉土料理
包著半熟蛋的炸餃子

適合的酒
啤酒、白酒、燒酎、
蘭姆酒、龍舌蘭、伏特加

主要食材
蛋、鮪魚罐頭、馬鈴薯

主要調味料
鹽、孜然、芫荽、印度綜合香料

啤酒　燒酎　白酒　蘭姆酒　龍舌蘭　伏特加

💡 特徵

突尼西亞的療癒美食。特徵是將各種餡料放在類似春捲皮的薄皮上，打上一顆蛋後包起來再油炸。餡料有各式各樣的種類，但打上一顆蛋是共通點。咬下酥脆的外皮，半熟蛋液就會從裡面流出。當地以義大利麵用的杜蘭小麥製作外皮。

🎓 小知識

布里克餃和北非小米（米粒狀義大利麵）都是突尼西亞的國民美食，也被稱為突尼西亞風炸餃子（或是油炸派、炸春捲）。春捲皮狀的薄餅皮稱為「pate brick」，原本是法國料理使用的食材，在 19 世紀時傳到其殖民地突尼西亞，並在當地落地生根。

埃及

黎凡特茄泥
Baba Ganoush

埃及料理的經典前菜
芝麻風味茄子泥

適合的酒
啤酒、白酒、燒酎、Highball、
蘭姆酒、龍舌蘭、伏特加

主要食材
茄子、芝麻、大蒜

主要調味料
檸檬汁、鹽、橄欖油

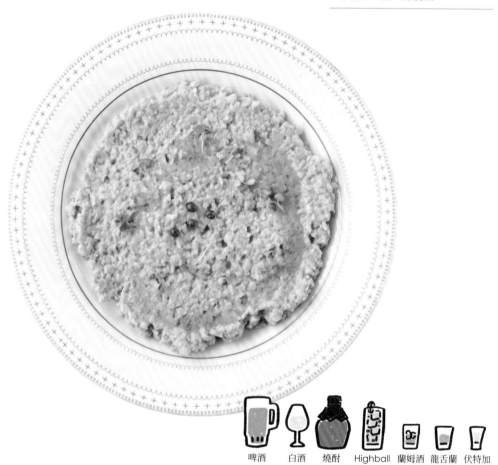

啤酒　白酒　燒酎　Highball　蘭姆酒　龍舌蘭　伏特加

特徵

黎凡特茄泥是由烤茄子混和芝麻醬、橄欖油與調味料製成的泥狀料理，屬於前菜。特徵是香氣濃郁，口感濃滑。無論是當成下酒菜、主食還是麵包抹醬都很適合。

小知識

「baba」是阿拉伯語的爸爸，「Ganoush」則是人名，因此原本的意思是「Ganoush爸爸」。據說是女兒為了讓沒有牙齒的父親方便食用所想出來的料理。當地的基督徒也會以這道料理配啤酒或紅酒，搭配蘭姆酒或龍舌蘭等烈酒也很適合。

南非共和國

乾肉條
Biltong

南非式肉乾
香料味濃郁的重口味

適合的酒
啤酒、紅酒、威士忌、
燒酎、蘭姆酒

主要食材
肉、芫荽

主要調味料
鹽、砂糖、醋

啤酒　威士忌　紅酒　燒酎　蘭姆酒

特徵

香料味重的肉乾，是南非的療癒美食。除了牛肉、豬肉、羊肉之外，也有非洲特有的鴕鳥肉與斑馬肉等野味肉乾。特徵是濃縮的鮮味與柔軟濕潤的口感。是紅酒與啤酒的人氣下酒菜。

小知識

人們從四千多年前就開始製作的保存食品之一。香料味重，因此很適合搭配啤酒。南非雖然是世界知名的葡萄酒產地，但啤酒卻占了國內半數以上的酒精市場。當地人最喜愛的品牌是「Castle」。

美國

美國的飲食文化，由原住民與各國的飲食文化融合發展而成，例如原住民開始喝葡萄酒、英國裔移民開始吃玉米等等。超乎想像的大份量與濃厚滋味也是特徵。

適合的酒
啤酒、紅酒、威士忌、蘭姆酒、龍舌蘭、伏特加

主要食材
雞翅

主要調味料
卡宴辣椒粉、醋、番茄醬

水牛城辣雞翅
Buffalo Wings

發源自紐約水牛城
裹上辣醬的
無粉炸雞翅

啤酒　　　紅酒

威士忌　蘭姆酒　龍舌蘭　伏特加

特徵

水牛城辣雞翅與漢堡、披薩、炸雞並列為美國代表性速食。做法是先將雞翅不裹粉油炸，再沾附由卡宴辣椒粉、醋、融化奶油與調味料及香料調製而成的醬汁，等到表面收乾醬汁即完成。在發源地的水牛城地區只會稱其為「雞翅」。

小知識

這道料理的起源眾說紛紜，最有力的說法是源自於泰瑞莎・貝利西莫（Teressa Bellissimo）的酒吧，她與丈夫為了深夜才從大學回來的兒子與朋友，製作了這道消夜：以通常丟棄不用或熬湯的雞翅為材料，油炸之後再浸入卡宴辣椒醬裡沾附醬汁而成。

🇺🇸 美國

墨西哥辣豆醬
Chili con Carne

辣豆醬是美國國民美食
使用絞肉與豆子煮成香辣口味

適合的酒
啤酒、白酒、燒酎、Highball、
蘭姆酒

主要食材
絞肉、洋蔥、大蒜、番茄、扁豆

主要調味料
卡宴辣椒粉、辣椒粉、鹽

啤酒　　白酒　　燒酎　　Highball　蘭姆酒

💡 **特徵**

將絞肉與洋蔥炒過之後，加入番茄、辣椒粉、扁豆等燉煮而成。當地有時也只會稱其為「Chili」。這是一種香辣的豆類料理，因此除了啤酒與口感較辣的清爽紅酒外，也適合搭配燒酎、Highball、蘭姆酒、龍舌蘭等。

🎓 **小知識**

據說基本做法源自於在 19 世紀時從墨西哥獨立後，併入美國的德州南部。德州認定辣豆醬是「州料理」。在經濟大蕭條與第二次世界大戰後，肉類難以取得，這道料理因為能以扁豆增量而廣為流傳。

阿拉伯聯合大公國

由杜拜與阿布達比等 7 個酋長國組成的聯邦制君主國。雖然信奉伊斯蘭教，但戒律較不嚴謹，尤其在杜拜，女性甚至不必穿罩袍。雖然表面上禁酒，但部分國家還是可以喝酒。

適合的酒
啤酒、白酒

主要食材
鷹嘴豆、芝麻醬、大蒜、檸檬汁

主要調味料
橄欖油、鹽

鷹嘴豆泥
Hummus
發源自阿拉伯黎凡特地區
以鷹嘴豆製成的豆泥

啤酒　　白酒

 特徵

鷹嘴豆泥是發源自黎凡特地區的傳統料理。做法是將鷹嘴豆用水煮過之後，加入芝麻醬、橄欖油、檸檬汁，磨成泥狀後再以鹽調味。一般會用皮塔餅（Pita，以麵粉為原料的中東扁麵包）沾著吃，當成抹醬也很美味。

 小知識

雖然阿拉伯聯合大公國表面上禁止飲酒，但有些酋長國的規定較寬鬆。例如在杜拜的餐廳就能自由喝酒。不過酒的稅金很高，甚至被稱為全世界啤酒最貴的國家。除了啤酒與白酒之外，也適合搭配日本酒、Highball、偏甜的調酒。

阿根廷

農牧大國,也是數一數二的葡萄酒產地。居民幾乎都是西班牙或義大利裔的白人,受到這兩個國家影響,擁有以肉類料理為中心的飲食文化。義大利移民帶來的麵食料理也已經在此落地生根。

適合的酒
啤酒、紅酒、威士忌、白蘭地、蘭姆酒

主要食材
起司

主要調味料
鹽

烤起司
Provoleta

阿根廷烤肉的前菜
燒烤起司料理

啤酒　紅酒　威士忌　白蘭地　蘭姆酒

特徵

阿根廷為牛肉大國,無論產量還是消費量都是世界排名第一,烤肉(Asddo)是當地知名料理,而烤起司就是與肉一起燒烤,做為前菜的料理。以牛奶或羊奶製的起司,撒上奧勒岡葉,製成 BBQ 風味的烤起司。外皮酥脆,內部濃稠。

小知識

當地人幾乎每個週末都會與親朋好友聚在一起舉辦烤肉派對,烤起司就與臘腸三明治、血腸一起當成前菜享用。其中起司扮演了重要的角色,因此起司的選擇也能展現主辦者的功力。

英國

在英國，滿 18 歲就能喝酒，有時甚至 16 歲就能在酒吧等場合喝啤酒。如果在家，只要父母陪同，5 歲以上即可飲酒。英國擁有以啤酒為首的豐富酒精飲料文化，因此代表性料理很適合當成下酒菜。

適合的酒
啤酒、紅酒、威士忌、燒酎

主要食材
蛋、絞肉、麵粉、麵包粉

主要調味料
肉豆蔻、鹽、胡椒

蘇格蘭蛋
Scoot Eggs

英國的代表性
野餐料理
包入水煮蛋的
炸肉排

啤酒　紅酒　威士忌　燒酎

特徵

雖然名稱裡有蘇格蘭，卻不是在蘇格蘭發明，而是知名的英國代表性料理。做法是將豬絞肉或牛絞肉以鹽、胡椒、肉豆蔻調味，包住煮得稍硬的水煮蛋，再依序沾裹上麵粉、蛋汁、麵包粉後油炸。一般而言較常在放涼的狀態下品嘗。

小知識

一般認為這道料理是倫敦的福南梅森百貨公司（Fortnum's）在 1738 年發明的，但另一方面，由於酷似印度傳統料理水煮蛋肉丸（Nargisi Kofta），也有一說是在英國統治印度時流傳過來。英國有好幾道雖然與蘇格蘭毫無關係，卻取名為蘇格蘭○○的料理。

英國

夾克馬鈴薯
Jacket Potato
將馬鈴薯整顆連皮烤熟
英國 style 的焗烤馬鈴薯

適合的酒
啤酒、紅酒

主要食材
馬鈴薯、起司、絞肉、香芹

主要調味料
鹽

啤酒　紅酒

特徵

夾克馬鈴薯一般的做法是以烤箱將馬鈴薯連皮烤熟，再撒上配料。張開的馬鈴薯皮看起來就像夾克一樣，因此有了這個名稱。這回的配料是起司。英國當地的起司幾乎都很容易融化，非常適合搭配夾克馬鈴薯。

小知識

據說夾克馬鈴薯至少從 19 世紀中旬就開始在路邊販賣，現在已經成為酒吧的經典料理，因此一般使用的配料都很適合搭配啤酒或紅酒。如果選對配料，也適合搭配日本酒、燒酎、Highball 或以烈酒為基底的調酒。

義大利

　　有句名言是這麼說的：「世界上不存在什麼義大利料理，義大利有的只是鄉土料理。」因為在義大利王國統一之前，這塊土地上有許多獨立的小國，每個國家特有的鄉土料理都很發達，例如羅馬料理或拿坡里料理等。拿坡里等南義地區，是大量使用橄欖油與番茄的主要區域，至於米蘭等北義地區，則以使用大量奶油與生奶油的肉類料理而聞名。而海鮮料理較多的則是地中海沿岸，這裡也經常食用歐洲其他國家幾乎不吃的章魚與墨魚。而說到義大利最常喝的酒類，應該還是紅酒吧？義大利共有 20 個大區，每個大區都釀造各具特色的葡萄酒，生產量也超越法國，登上世界第一的寶座。這次介紹的 4 道下酒菜分別是西西里的經典魚料理、蘇連多的馬鈴薯麵疙瘩、威尼斯的鱈魚乾料理與羅馬代表性的肉類料理，都是能夠代表各個地區的傳統菜肴。

■■ 義大利

鳥嘴小魚
Sarde a Beccafico

發源自西西里的麵包粉烤小魚
為了不浪費乾燥的麵包所產生的巧思

🍽國 meshiCuisineNaturelle

適合的酒
富含果香的偏甜白酒、啤酒、
Highball、燒酎調酒

主要食材
小魚（竹筴魚或沙丁魚）、
醃漬鯷魚、葡萄乾、酸豆、橄欖、
松子、杏仁果、麵包粉、檸檬汁

主要調味料
橄欖油

白酒　　啤酒　　Highball　燒酎
調酒

💡 特徵

做法是將小魚裹上巴勒摩麵包製成的麵包粉
後，以烤箱烤熟，香酥口感令人愛不釋手。
除了將麵包粉裹在沙丁魚外面，也可以先將
沙丁魚剖開去骨再填入麵包粉，或是像捲餅
一樣將麵包粉捲起來。橄欖油的用量大約是
讓麵包粉濕潤的程度。

📖 小知識

料理原名中的「Beccafico」是自古以來棲
息在西西里的一種鳥，由於這種鳥太過美味，
以前只有貴族可以享用。小魚立起的尾鰭看
起來就像 Beccafico 的鳥喙，所以才有了這
樣的名稱。

義大利

■■ 義大利

蘇連多式馬鈴薯麵疙瘩
Gnocchi alla Sorrentina
搭配番茄醬汁與兩種起司品嘗的
蘇連多式馬鈴薯起司麵疙瘩

國 meshiCuisineNaturelle

適合的酒
紅酒、白酒

主要食材
馬鈴薯、麵粉、蛋、番茄醬汁、 莫札瑞拉起司、帕馬森起司

主要調味料
鹽

紅酒　白酒

 特徵

「alla Sorrentina」就是「蘇連多式」的意思。這是一種搭配番茄醬汁與兩種起司（濃稠的莫札瑞拉起司與鮮美的帕馬森乾酪）品嘗的馬鈴薯麵疙瘩。屬於麵類料理，除了可以做為正餐，也很適合當成下酒菜。

小知識

大家透過〈歸來吧！蘇連多〉（Torna a surriento）等拿坡里民謠認識的拿坡里，是知名的番茄產地，而拿坡里料理的特徵，就是使用番茄醬汁與新鮮、豐富的海鮮。選擇較清爽的紅酒，或偏辣的白酒，更能享受馬鈴薯麵疙瘩與番茄、起司三者融合的口感。

義大利

鱈魚泥
Baccala Mantecato

威尼斯餐廳與酒館
一定會有的鄉土料理

國 meshiCuisineNaturelle

適合的酒
微甜又富含果香的勃根地白酒、啤酒

主要食材
生鱈魚、牛奶、水、橄欖油、搭配的蔬菜

主要調味料
鹽

白酒　啤酒

特徵

「Baccala」是鱈魚乾，而「Mantecato」則是磨泥、混合的意思。鱈魚泥既是輕食店的經典料理，也是酒館必定提供的小菜。屬於一種抹醬，因此一般會像美乃滋一樣，以蔬菜或麵包沾著吃。濃郁又輕柔的口感，最適合搭配白酒。

小知識

地中海沒有鱈魚，因此威尼斯使用的是挪威進口的鱈魚乾，後來鱈魚乾料理成為威尼斯的鄉土料理，甚至普及到全義大利。義大利在耶誕夜有不吃肉的習慣，因此餐桌上經常會出現鱈魚乾料理，尤其是這道鱈魚泥。

██ 義大利

義大利

跳進嘴裡肉排
Saltimbocca

以小牛肉與生火腿夾著鼠尾草
羅馬最具代表性、最普遍的肉類料理

國 meshiCuisineNaturelle

適合的酒
富含果香的紅酒、蘭姆酒

主要食材
小牛肉、生火腿、萵苣、芝麻葉

主要調味料
奶油、白酒、鼠尾草

紅酒　蘭姆酒

💡 特徵

將小牛肉與生火腿疊起來香煎而成的料理。
直接使用煎完肉的平底鍋,加入奶油與白酒
(白酒醬)製作醬汁,擁有鼠尾草的香氣。
除了生火腿的鹽味之外,沒有多餘調味,是
羅馬的代表料理。

🎓 小知識

料理原名「Saltimbocca」就是跳進嘴裡的
意思。基本上只要將小牛肉、生火腿、鼠尾
草葉疊起來煎熟即可,是一道簡單的料理。
雖然小牛肉是羅馬當地主流,也可用豬肉代
替,但必須挑選脂肪較少的部位。也很適合
搭配羅馬名菜培根蛋奶麵(Carbonara)。

伊朗

伊朗料理的特徵是大量使
用香草與香料。最有名的就
是魚或羊肉的串燒。因為是
伊斯蘭國家，所以在戒律上
禁止飲酒。

適合的酒
啤酒、威士忌、Highball、
燒酎調酒、蘭姆酒

主要食材
絞肉、香菜、大蒜、薑

主要調味料
芫荽、印度香料、卡宴辣椒粉、
黑胡椒

香料烤肉串
Spicy Kebab

烤羊肉串是中東經典料理
搭配香草用烤餅包著吃

啤酒　威士忌　蘭姆酒　Highball　燒酎
調酒

特徵

中東料理經典中的經典。做法是將絞肉與蔬
菜、香草混合，再以香料調味，接著將絞肉
包在金屬串上燒烤。伊朗人喜歡羊肉，所以
不只串烤絞肉，也會串烤分切的肉片。以烤
餅（Naan）包著香草與烤肉品嘗是伊朗的
吃法。

小知識

伊朗到處都有烤肉串店，因此也會販賣串好
的羊肉與羊內臟，當地人一般都會買回家烤。
雖然是禁止飲酒的國家，但戒律相對寬鬆，
聽說也有很多當地人會偷偷聚在一起喝啤酒
配烤肉。

31

印度

印度

印度料理特徵是使用各種香草與香料。飲食習慣因地區而異，例如北印度料理的主食是烤餅（Naan）、烙餅（Chapati）、印度長米，使用坦都烤爐調理。

適合的酒
啤酒、輕盈的紅酒、蘭姆酒、伏特加

主要食材
雞肉

主要調味料
紅椒粉、孜然粉、芫荽粉、印度香料、薑黃粉

坦都里烤雞
Tandoori Chicken

北印度料理之王
將雞肉吊掛在
坦都烤爐中窯烤

啤酒　　紅酒　蘭姆酒 伏特加

💡 **特徵**

使用坦都烤爐（黏土製的圓筒形壺窯）製成的窯烤雞肉串。雞肉先以優格與香料醃製約半天，待醃入味後，再以高溫短時間窯烤，因此香氣濃郁，口感柔軟。主要使用帶骨雞肉，若是無骨雞肉則稱為咖哩烤雞（Chicken Tikka）。

🎓 **小知識**

印度人大多數信奉印度教，不能食用牛肉與豬肉，因此肉類料理食材多為雞肉與羊肉。吊掛在坦都土窯中窯烤，能夠去除多餘脂肪，烤出外酥內嫩的口感。一口咬下，咖哩風味的肉汁在口中散開，搭配啤酒緩和辣度的那一瞬間，讓人忍不住想要再來一塊。

 印度

香料炒馬鈴薯
Aloo Masala
北印度的代表性拌炒料理
以香料拌炒馬鈴薯

適合的酒
啤酒、紅酒、Highball

主要食材
馬鈴薯、洋蔥、薑、腰果

主要調味料
鹽芥末、紅辣椒,薑黃

啤酒　紅酒　Highball

特徵
印地語名稱即香料(masala)與馬鈴薯(aloo)的意思。先將馬鈴薯煮到鬆軟,再以香料拌炒,是北印度的代表性菜餚,最適合搭配烤餅與烙餅等主食。炒香腰果的口感,與來自香料與辣椒的刺激口味,也很適合配酒品嘗。

小知識
印度有些邦禁酒,因此總飲酒人口比例沒有那麼高。不過在允許喝酒的邦,印度人邊喝著啤酒,邊品嘗坦都里烤雞與香料炒馬鈴薯等香辣下酒菜。這些料理需要調配多種香料,因此每個家庭與每間酒吧的口味都不一樣,相當有趣。

厄瓜多

厄瓜多是赤道國家,國名即源自於西班牙語的「赤道」。料理種類豐富,山區有各式湯品與肉類料理,沿海地區則有海鮮料理。厄瓜多人最常喝的是啤酒,但蒸餾酒也很受歡迎。

適合的酒
清爽的白酒、啤酒、琴酒、蘭姆酒、Highball

主要食材
鮮蝦、墨魚、干貝、番茄、洋蔥、萊姆、芫荽、爆米花、青木瓜

主要調味料
鹽、萊姆汁、番茄醬

厄瓜多

酸橙漬海鮮
Ceviche

番茄風味的醃漬海鮮
堪稱厄瓜多國民美食

 TORO TOKYO

白酒　啤酒　琴酒　蘭姆酒　Highball

💡 特徵

沿海地區海鮮料理的代表。做法是先將海鮮燙熟,再與其他材料混和。調味的重點是以萊姆等柑橘類調和番茄洋蔥風味的湯汁。厄瓜多的主食是玉米,因此可拿爆米花沾著酸橙漬海鮮的湯汁享用,或者直接將爆米花拌入湯汁內。

🖊 小知識

厄瓜多的鄰國秘魯,也有酸橙漬海鮮這道料理,但在厄瓜多使用的食材是蝦類與貝類,並將食材浸泡在番茄基底的冷湯中,是一道湯汁較多的料理。但秘魯的酸橙漬海鮮主要使用白肉魚,幾乎沒有湯汁,吃起來就像醃漬的生魚片,有極大的差異。

澳洲

澳洲料理受到英國影響，以使用澳洲牛烹調而成的肉類料理最為聞名。啤酒是澳洲最常飲用的酒類，各個州都有知名的當地啤酒。出口量全球第四的紅酒也很受歡迎。

適合的酒
啤酒、紅酒、燒酎、Highball

主要食材
牛絞肉、洋蔥、派皮、蛋、蘑菇

主要調味料
肉豆蔻、奶油、維吉麥、番茄醬

肉派
Meat Pie

澳洲風味肉派
這就是澳洲的國民美食

啤酒　　紅酒　　燒酎　Highball

 特徵

基本的肉派是將切得稍大塊的方塊狀牛肉（或是牛絞肉）與洋蔥、蘑菇、肉汁醬用派皮包起來烤熟。肉派的口味隨著醬汁的種類改變。英國的肉派做成大型圓盤狀，但澳洲肉派則普遍做成手掌大小。

小知識

從英國傳入的牛排與肉派，在澳洲發展出獨自的樣貌。肉派在 2003 年因新南威爾斯州州長鮑勃・卡爾（Robert Carr）而取得國民美食的地位，無論做為觀看運動賽事的點心、配酒品嘗的下酒菜還是輕食，都能填飽澳洲人的胃。

荷蘭

二 荷蘭

荷蘭東北部的知名美食
是香腸、西部是起司與
海鮮、南部則是湯與燉
菜。當地最常喝的酒是啤
酒,其中又以海尼根最為
經典。國民酒荷蘭琴酒
(Jenever 或 Genever)
也很受歡迎。

適合的酒
啤酒、白酒、荷蘭琴酒、燒酎

主要食材
白蘆筍、蛋、檸檬汁、香芹

主要調味料
美乃滋、奶油

白蘆筍
White asparagus
點綴荷蘭春天的
新鮮白蘆筍

啤酒　白酒　荷蘭琴酒　燒酎

 特徵

荷蘭的春天到初夏是白蘆筍的產季,主要品
嘗方式可分成法蘭德斯式與荷蘭式兩種。前
者一般將水煮蛋切碎撒在白蘆筍上,再淋上
檸檬奶油醬,搭配水煮火腿。至於後者的奶
油醬則更為濃郁。

 小知識

荷蘭生產的蘆筍七成都是生食用的白蘆筍。
相較於沐浴在日光下成長的綠蘆筍,白蘆筍
在栽種時則會避免照射日光。當地一般搭配
啤酒或荷蘭琴酒(據說是琴酒的始祖),品
嘗清爽的滋味。

🇨🇦 加拿大

加拿大的飲食發展，融合了歐洲與亞洲移民及當地原住民的飲食文化。酒類以啤酒、威士忌、葡萄酒最受歡迎。國民美食肉汁乳酪薯條與奶油塔，尤其適合搭配啤酒。

適合的酒
啤酒、紅酒、Highball、燒酎

主要食材
馬鈴薯、茅屋乳酪、紅酒、蜂蜜、麵粉、奶油

主要調味料
鹽、胡椒

肉汁乳酪薯條
Poutine

炸薯條淋上肉汁醬
發源自加拿大的
超人氣速食

啤酒　　紅酒　Highball　燒酎

 特徵

肉汁乳酪薯條的做法是將炸薯條淋上肉汁醬並撒上顆粒狀的起司凝乳（一種未經熟成的新鮮起司），在加拿大是一種類似速食的國民美食。等到起司凝乳因熱呼呼的薯條而融化成牽絲狀時，再與肉汁一起享用。

 小知識

發源於 1950 年代的魁北克州，在短短數十年內，發展成加拿大國內任何一家速食店（甚至美式連鎖店）都會提供的經典料理。當地正流行撒上各種配料的新形態肉汁乳酪薯條，也很適合當成下酒菜。

柬埔寨

柬埔寨料理也被稱為高棉料理，最著名的特色就是很多料理都會使用一種名為「Prahok」的發酵魚醬調味。將常溫啤酒加入冰塊小口啜飲，是柬埔寨風格的喝法。

適合的酒
啤酒、棕櫚酒、蒸餾米酒、蒸餾椰子酒

主要食材
竹筍、青椒、紅椒、魚

主要調味料
綠咖哩醬、檸檬草、薑黃

柬式米線
Nom Banh Chok
溫和又充滿香料味
柬埔寨國民美食米線湯

啤酒　　棕櫚酒　蒸餾米酒　蒸餾椰子酒

特徵

柬式米線是一種米粉湯。照片中是檸檬草香氣明顯的溫和咖哩風味湯頭，雖然類似泰式的綠咖哩，但在湯裡加入細碎的烤魚肉是柬埔寨式的特徵。當地還會加上生菜並擠入檸檬汁。

小知識

當地攤販最受歡迎的是加入椰奶、辣度較低的綠湯，以及辣度較高的紅湯。除了搭配啤酒之外，一般也會搭配蒸餾米酒（以米為原料的蒸餾酒）、棕櫚酒（以椰子為原料的釀造酒）或蒸餾椰子酒（以椰子為原料的蒸餾酒）等當地產的酒品嘗。

古巴

原住民、殖民的西班牙人以及被帶到南美當奴隸的非洲人的飲食文化，帶給古巴料理強烈的影響。最具代表性的酒類就是蘭姆酒（以甘蔗為原料的蒸餾酒）。此外，莫希多（mojito）之類的調酒也很受歡迎。

適合的酒
啤酒、蘭姆酒、燒酎、Highball

主要食材
牛絞肉、馬鈴薯、洋蔥、番茄、辣椒、大蒜、橄欖

主要調味料
奧勒岡葉、肉豆蔻

古巴肉末
Picadillo

拉丁美洲的知名料理
燉煮番茄與牛絞肉

啤酒　蘭姆酒　燒酎　Highball

特徵

拉丁美洲各國經常能夠見到絞肉與番茄的燉煮料理。特徵是辣椒的辣與馬鈴薯的甜，在肉豆蔻的風味中均衡調和在一起。當地一般淋在飯上，或是搭配炸香蕉片（Tostones，將香蕉切片後油炸）品嘗。

小知識

當地人也會將古巴肉末當成下酒菜品嘗，通常搭配源自於古巴，近年在全球掀起熱潮的莫希多調酒（蘭姆酒與加州小薄荷、萊姆汁等製成的調酒）享用。擺在炸香蕉片上一口吃掉，再搭配莫希多調酒一起吞下肚，融合成絕妙好滋味。

希臘

相較於啤酒,希臘人更常喝茴香酒(Ouzo,希臘產利口酒,充滿茴香氣味)。特色是加水之後會變得白濁。希臘料理以「地中海飲食」的名義被列入無形文化遺產。

適合的酒
啤酒、清爽的白酒、茴香酒、燒酎、Highball、蘭姆酒

主要食材
茄子、絞肉、洋蔥、大蒜、紅酒、番茄、奶油、麵粉、牛奶、起司粉

主要調味料
肉桂、丁香、肉豆蔻、鹽

希臘

慕沙卡
Moussak

茄子絞肉千層派
希臘的代表性家庭料理

啤酒　白酒　茴香酒　燒酎　Highball　蘭姆酒

特徵

希臘的代表性家庭料理,將肉醬與白醬、茄子及馬鈴薯等蔬菜層層疊在一起焗烤而成。食材層層堆疊,光看切面就覺得很美味。據說慕沙卡源自於中東,傳到希臘之後就成了世界知名的料理。

小知識

「moussaka」在阿拉伯語是「放涼的餐點」的意思,在被視為發源地的馬什里克似乎是一道冷盤。適合搭配的酒類是啤酒與茴香酒。後者是發源於希臘的蒸餾酒,原料是葡萄、葡萄乾及穀物等,具有茴香氣味,因此很適合搭配蔬菜與海鮮。

🇬🇷 希臘

希臘沙拉
Greek Salad

菲達起司沙拉
希臘代表性的家庭口味

適合的酒
啤酒、茴香酒、白酒、燒酎、
Highball、蘭姆酒、伏特加

主要食材
番茄、小黃瓜、橄欖、嫩葉沙拉、
紅洋蔥、酸豆、菲達起司

主要調味料
鹽、胡椒、乾燥奧勒岡葉、
橄欖油

希臘

啤酒　　茴香酒　白酒

燒酎　　Highball　蘭姆酒　伏特加

💡 **特徵**

「greek salad」直譯就是「希臘人的沙拉」。特徵是加入削成薄片（或塊狀）的菲達起司。通常以鹽、胡椒、乾燥奧勒岡葉調味，最後再淋上橄欖油。這是一道典型的前菜，因此在當地也會當成下酒菜品嘗。

🎓 **小知識**

菲達起司是以綿羊奶與山羊奶製成的起司，也被譽為希臘的國民起司。這道希臘沙拉就是結合菲達起司的料理，受到許多周邊國家喜愛。希臘人將這道菜當成下酒菜的前菜，搭配啤酒、茴香酒、葡萄酒等悠閒享用。

沙烏地阿拉伯

聖地麥加位於其西部，所有國民都是嚴格遵守戒律的伊斯蘭教徒，豬肉與酒精是禁忌，因此沙烏地阿拉伯料理中並不存在「下酒菜」，但碰巧也有適合搭配酒的料理。

適合的酒
啤酒、白酒、燒酎、威士忌、Highball、燒酎調酒、日本酒

主要食材
鷹嘴豆、洋蔥、大蒜、香芹、芫荽

主要調味料
卡宴辣椒粉、孜然、白芝麻醬

鷹嘴豆丸
Falafel

鷹嘴豆與香料做成的可樂餅
誕生於黎凡特地區的中東料理

啤酒　　白酒　　燒酎

威士忌　Highball　燒酎調酒　日本酒

💡 **特徵**

鷹嘴豆丸是一種中東風可樂餅，做法是將搗碎的鷹嘴豆或蠶豆混和辛香料，做成丸子狀油炸，不只沙烏地阿拉伯，從中亞到阿拉伯半島、埃及的許多地區都有這道料理。特徵是雖然香料味重卻不會辣，不敢吃辣的人也能安心品嘗。

🎓 **小知識**

最普遍的吃法是將鷹嘴豆丸當成三明治配料，與蔬菜一起裝進袋狀皮塔餅中品嘗。無論是直接吃，還是夾在皮塔餅之類的麵包裡都很適合當下酒菜。啤酒或碳酸類調酒入喉的刺激感，更能凸顯其香料味與柔軟的口感。

牙買加

牙買加是雷鬼音樂發源地，雖然當地也常喝啤酒，但蘭姆酒就和在古巴一樣受歡迎。牙買加料理中的下酒菜，也發展出適合搭配蘭姆酒的香料調味。

適合的酒
啤酒、蘭姆酒、燒酎、威士忌、燒酎調酒、Highball、琴酒、龍舌蘭

主要食材
雞肉

主要調味料
牙買加胡椒、肉桂、胡椒、哈瓦那辣椒（或辣椒）

香料烤雞
Jerk Chicken
香料調味的烤雞
牙買加的代表性國民美食

啤酒　蘭姆酒　燒酎

威士忌　燒酎調酒　Highball　琴酒　龍舌蘭

🔆 特徵

牙買加人經常吃雞，而雞肉料理中最受歡迎的就是這道香料烤雞。調味用的「jerk」，是以肉桂、胡椒、辣椒等香辛料與香草混合而成的醃料。先將雞肉浸在醃料裡，再烤到微焦。除了辣味之外，富含深度的香料滋味令人上癮。

🎓 小知識

牙買加原住民最早使用「jerk」醃漬抓來的野豬後烤熟食用，換句話說原本是香料烤豬，後來經過長時間的演變，成了以雞肉為主的料理。醃料除了基本的香料之外，沒有固定調味，在當地可以品嘗到各種不同香料配方的滋味。

43

喬治亞

從前蘇聯獨立出來的國家。經常飲用的酒類為啤酒、葡萄酒、伏特加等,尤其以被視為葡萄酒的發源地而聞名。

喬治亞

適合的酒
喬治亞橘酒、醇厚的白酒、啤酒

主要食材
雞肉、豆子、起司、大蒜

主要調味料
奶油、白酒、鹽、喬治亞綜合香料

大蒜起司燉雞
Chkmeruli

喬治亞代表性的雞肉料理
滿滿大蒜帶來強烈風味

喬治亞橘酒　白酒　啤酒

 特徵

雞肉搭配滿滿大蒜與起司的燉煮料理,只靠起司的鹹味與少量的鹽調味。特徵是雖然呈現乳白色,卻完全不使用奶油,吃起來比外觀清爽易入口,非常適合當成下酒菜。也有很多當地人喜歡以長棍麵包沾湯汁品嘗。

 小知識

這道料理使用了一整顆蒜頭,所以有著強烈的大蒜風味。而最適合搭配的酒類,果然還是喬治亞出產的橘酒。釀造時將白葡萄的果皮與種子一起浸漬發酵,因此溶出如紅酒般的單寧。濃郁的香氣與複雜的滋味能與大蒜味匹敵。

新加坡

新加坡料理強烈受到中國福建、廣東、南印度與馬來西亞等地的影響。新加坡人最常喝的是啤酒，虎牌（Tiger）、萊佛士（Raffles）、海錨（Anchor）等當地品牌都很受歡迎。

適合的酒
啤酒、白酒、Highball

主要食材
米粉、蝦、油豆腐、椰奶、香菜

主要調味料
檸檬草、紅辣椒、蝦醬

叻沙
Laksa

甜辣口味的米粉
椰奶與蝦湯是關鍵

啤酒　白酒　Highball

 特徵

叻沙是香料味頗重的東南亞麵類料理，主要是搭配米粉麵。最常見的湯頭是加入椰奶的蝦湯。連鎖店或攤販會加入蝦子與魚板等當成配料。椰奶基底的甜辣湯頭後勁很強。

 小知識

新加坡人年滿 18 歲就可以喝酒了，但是晚上 10 點半至隔天早上 7 點禁止販賣酒類，除了在餐廳或酒吧，也禁止在公共場所飲酒。初犯的罰金是 1,000 新幣（將近 3 萬台幣），再犯的罰金就會加倍，或是處以三個月以下的監禁。

瑞士

🇨🇭 瑞士

瑞士是傳統農業國家,特徵
是雖然受到德國、義大利、
法國料理的影響,但仍以起
司與馬鈴薯製作的質樸料
理為主。知名的起司鍋適合
搭配啤酒及紅酒,是瑞士的
國民下酒菜。

適合的酒
啤酒、白酒、蘭姆酒、Highball

主要食材
麵包、艾曼塔乳酪、葛瑞爾乳酪、
白酒、法國麵包、花椰菜

主要調味料
鹽

起司鍋
Cheese Fondue

阿爾卑斯地區的
鄉土料理
能夠美味地
品嘗變硬的麵包

啤酒　白酒　蘭姆酒　Highball

 特徵

將刨成粉末的艾曼塔乳酪與葛瑞爾乳酪加入
白酒煮到融化,將法國麵包等食材切成一口
大小沾著吃。起司的種類與比例因店家與家
庭而異。除了麵包之外,也可以搭配水煮花
椰菜、紅蘿蔔等蔬菜或香腸。

 小知識

法文「fondue」是「融化」的意思。這是以
瑞士為中心,橫跨法國與義大利的阿爾卑斯
山區與其周邊的鄉土料理。原本是為了軟化
變硬的麵包與剩菜,讓這些剩食更好入口的
烹調方式。起司鍋能讓身體暖起來,所以常
在寒冷的時期或較寒冷的地區食用。

🇸🇪 瑞典

瑞典國土南北狹長，飲食
文化因地區而異，相當豐
富多樣。北部以充滿野趣
的野味為主，南部則喜愛
使用大量新鮮蔬菜調理的
料理。酒類一般以啤酒及
伏特加為主流。

適合的酒
啤酒、紅酒、燒酎、日本酒、
威士忌、白蘭地、伏特加

主要食材
馬鈴薯、洋蔥、鯷魚（北歐產）、
生奶油、奶油、麵包粉

主要調味料
鹽

揚森的誘惑
Jansson's temptation

焗烤鯷魚馬鈴薯
瑞典的傳統家庭料理

啤酒　紅酒　燒酎

日本酒　威士忌　白蘭地　伏特加

💡 **特徵**

不需要白醬的焗烤馬鈴薯，特徵是使用鯷魚，
鯷魚的鹹味是調味的關鍵，因此重點是必須
選擇北歐產（鹹味較淡，帶有鮮甜味）而非
義大利產。吃了之後身體就會暖起來，因此
是耶誕節的經典料理。

🎓 **小知識**

名稱來源眾說紛紜，日本流傳的說法是「這
道料理看起來太過美味，就連吃素的宗教家
艾瑞克・揚森（Eric Jansson）都抵擋不了
誘惑而忍不住吃了」。至少宗教家揚森是真
實存在的人物，這個說法也非完全不可信。

西班牙

　　讓西班牙料理享譽全球的，可說就是地中海地區的加泰隆尼亞料理了。曾經是全球最難預約的餐廳「鬥牛犬」（El Bulli），就是新式加泰隆尼亞料理的象徵，其嶄新、美觀與美味的料理呈現手法，驚豔了全球料理界。而東北部的巴斯克地區，也擁有與加泰隆尼亞不相上下的飲食文化。這裡是米其林星級餐廳櫛比鱗次的美食之都，也有邊逛酒吧，邊品嘗紅酒與竹籤小點（Pintxos，以竹籤串著的小菜）的文化。除此之外，以柳橙及西班牙烤飯聞名的瓦倫西亞料理、北部的加利西亞料理、內陸的卡斯提亞料理、以伊比利豬而為人所知的安達魯西亞料理等也各具特色。雖然葡萄酒也很有名，但大家最常喝的還是啤酒。在啤酒屋喝啤酒，去酒吧品嘗小菜啜飲葡萄酒，似乎才是活在當下的西班牙人正確的品酒方式。

西班牙

西班牙烘蛋
El Mambo

適合搭配任何酒的
西班牙風歐姆蛋

適合的酒
啤酒、粉紅酒～清爽的紅酒、
Highball、燒酎調酒、蘭姆酒、
日本酒

主要食材
蛋、馬鈴薯、洋蔥、大蒜

主要調味料
橄欖油、鹽

啤酒　粉紅酒　紅酒

Highball　燒酎　蘭姆酒　日本酒
　　　　　調酒

💡 特徵

西班牙風歐姆蛋。特徵是以大量的油「燉煮」
馬鈴薯與洋蔥。在熱騰騰的狀態下倒入打散
的蛋，煎烤到裡面呈半熟的狀態。重點是不
要像一般的歐姆蛋一樣煎成袋狀，而是維持
平底鍋的圓盤狀。

🖋 小知識

烘蛋是西班牙的故鄉味，也是西班牙酒吧的
經典前菜。最早是農民為了增加料理的份量
而在烘蛋裡加入馬鈴薯與洋蔥。馬鈴薯包覆
著蛋汁的香甜滋味在口中擴散開來，非常適
合搭配紅酒、Highball 等各式酒類。

西班牙

安達魯西亞風櫻花蝦餅
Tortillitas de Camarones

前菜風炸櫻花蝦餅
港口小鎮安達魯西亞經典料理

El Mambo

適合的酒
Manzanilla（雪莉酒）、啤酒、
Highball、蘭姆酒

主要食材
櫻花蝦、麵粉、鷹嘴豆粉、
義大利香芹

主要調味料
海鹽片

雪莉酒　啤酒　Highball　蘭姆酒

 特徵

重新呈現西班牙南端安達魯西亞自治區的經典小菜。這道料理原本使用桑盧卡爾—德巴拉梅達（也是雪莉酒的知名產地）捕撈的河蝦製作，這裡使用櫻花蝦代替，並炸成如仙貝般酥脆的炸餅。

小知識

簡單來說就是西班牙風蝦餅。安達魯西亞酒吧的經典下酒菜，非常適合搭配啤酒與烈酒。尤其適合搭配 Manzanilla 等有著融合海潮香味的礦物感雪莉酒（釀造過程中數度添加酒精，使酒精濃度提升的白酒）。

西班牙

加利西亞風章魚
Pulpo a la Gallega

加利西亞料理經典中的經典
水煮章魚再撒上 2 種紅椒粉即完成

El Mambo

適合的酒
富含果香的紅酒、不會太厚重的中等酒體紅酒、啤酒

主要食材
生章魚、馬鈴薯

主要調味料
鹽、橄欖油、2 種紅椒粉、奶油

紅酒　啤酒

特徵

使用章魚製作的加利西亞傳統料理，後來成為全西班牙的小酒館與酒吧的經典菜色。使用章魚腳比章魚頭適合，重點在於花 30 〜 40 分鐘煮到軟。帶有韌度的微生口感，或是煮過頭的偏硬口感都不及格。最後撒上甜紅椒與辣紅椒增添香氣，吃起來相當清爽。

小知識

加利西亞屬於谷灣式海岸，因此章魚漁獲量豐富，被認為是西班牙章魚料理最美味的地區。章魚的鮮味從 2 種紅椒的風味中逐漸散發出來，不禁讓人驚訝原來章魚這麼美味嗎？酒也忍不住一杯接著一杯。這是一道簡單卻富含深度的小菜。

巴斯克（西班牙屬）

巴斯克橫跨法國與西班牙，南邊是西班牙的屬地，稱為「西屬巴斯克」，北邊則是「法屬巴斯克」。巴斯克獨特的飲食文化也很有名，啤酒、紅酒與蘋果酒都很受歡迎。

France

Spain

適合的酒
巴斯克沿海地區吉塔里亞釀造的查克利白酒（Txakoli）

主要食材
龍舌魚、大蒜、檸檬

主要調味料
鹽、橄欖油

德諾斯提亞風龍舌魚
Donostia Style grilled fish

炭烤龍舌魚
發源自德諾斯提亞的
美食俱樂部

 El Mambo

巴斯克（西班牙屬）

查克利白酒

 特徵

將龍舌魚用炭火烤過後，先擺盤再擠上大量檸檬汁，接著淋上加熱的橄欖油，而後將橄欖油倒回鍋中製成醬汁，再度淋到龍舌魚上。如果想要配著酒品嘗，推薦巴斯克料理經典餐前酒查克利白酒（酸味強勁，有著微氣泡的辣口巴斯克產白酒）。

小知識

「德諾斯提亞」就是世界知名的美食之都「聖賽巴斯提安」的巴斯克語。這裡有超過百家禁止女性進入的美食俱樂部。在女性較強勢的巴斯克社會，這些俱樂部是男性聚集放鬆、品嘗料理的地區，也有一些料理從中誕生。

⊞ 巴斯克

墨汁煮墨魚
Calamares en su Tinta

西屬巴斯克的知名料理之一
帶有蔬菜濃稠度的墨汁煮墨魚

🅔 El Mambo

適合的酒
酸味清爽的優雅紅酒、里奧哈（靠近巴斯克的地區）的輕盈紅酒、啤酒

主要食材
墨魚、墨魚汁、洋蔥、紅蘿蔔、芹菜、番茄、水煮紅椒、義大利香芹

主要調味料
鹽、橄欖油、辣椒

🍷 🍺
紅酒　啤酒

💡 **特徵**

巴斯克擁有豐富的海產，而墨汁煮墨魚就是本地的傳統料理，也是每個跑酒吧的人都一定會品嘗的經典小菜。特徵是在濃縮鮮味與醇厚感的墨魚汁中加入蔬菜增添濃稠度。入口時帶有圓潤的鮮甜。醬汁可以沾麵包吃，沾竹籤小菜也很美味。

🎓 **小知識**

巴斯克的沿海地區擁有豐富的墨魚漁獲量，因此誕生了這道墨汁煮墨魚。這是一道看似適合搭配白酒的海鮮料理，但其實白酒會凸顯墨魚汁的腥味，反而紅酒才能去腥，並帶出墨魚汁厚重飽滿的鮮味，相當不可思議。

泰國

泰國料理大量使用辛香料與香草，特徵是酸、甜、辣組合在一起的豐富調味。品嘗之前，必須先使用桌上的砂糖、魚露、醋泡辣椒、辣椒粉等將調味完成。加冰塊的啤酒是泰國特色。

適合的酒
啤酒、威士忌、Highball、蘭姆酒、燒酎、燒酎調酒、龍舌蘭

主要食材
青木瓜、萊姆

主要調味料
辣椒、魚露

涼拌青木瓜
Som'dam

青木瓜的涼拌菜
以青木瓜的果肉刨絲製成

（新宿芒果樹咖啡店）

啤酒　威士忌　Highball

蘭姆酒　燒酎　燒酎調酒　龍舌蘭

 特徵

使用在泰國與寮國被當成食材的青木瓜製成的涼拌菜，口味酸酸辣辣，也被稱為泰國的國民沙拉。將刨絲的青木瓜放進專用的臼裡，以棒子搗軟。隨個人喜好加入花生、番茄、蝦米更添美味。

 小知識

泰語中「som」是酸，「dam」則是搗的意思。重點是透過搗的動作，讓青木瓜吸收調味料的味道。這道料理最適合搭配泰國啤酒，能夠帶出勝獅啤酒（Singha）的苦味與醇厚、獅子啤酒（Leo）的清爽與輕盈、大象啤酒（Chang）的獨特後味等。

泰國

泰式甜不辣
Tod Mun Pla

日本的泰式料理店一定會提供
泰國風味甜不辣

 新宿芒果樹咖啡店

適合的酒
啤酒、威士忌、Highball、
燒酎、日本酒、燒酎調酒

主要食材
白肉魚漿

主要調味料
紅咖哩醬

啤酒　　威士忌　Highball

燒酎　　日本酒　燒酎
　　　　　　　　調酒

特徵

將魚漿混合紅咖哩醬等調味料之後油炸而成
的料理。日本的泰式料理店也會說明這是「泰
國風味的甜不辣」。一般會搭配甜辣醬或醋
品嘗，並在醬汁裡加入砂糖、辣椒、搗碎的
花生、小黃瓜等帶出酸味與甜味。

小知識

泰語「tod mun」是炸物，「pla」則是魚
的意思，當地人從以前就喜歡搭配「湄公」
（Mekon）「暹頌」（Sangsom）「Hong
Thong」等泰國威士忌品嘗。不過泰國威士
忌雖然在酒稅法的分類中屬於烈酒，其實卻
是以米與甘蔗的廢糖蜜為原料的米燒酎。

大溪地

大溪地為法屬玻里尼西亞的島嶼，官方語言是法語，料理也強烈受到法國影響。因為是島嶼，所以飲食還是以海鮮為主。酒類除了啤酒之外，當地產的蘭姆酒與白酒也很受歡迎。

適合的酒
啤酒、白酒或粉紅酒、日本酒、蘭姆酒、莫希多調酒

主要食材
鮪魚、椰奶、萊姆、番茄、小黃瓜

主要調味料
鹽

大溪地

大溪地生魚沙拉
Poisson Cru

椰奶拌鮪魚
大溪地代表性的南國海鮮料理

啤酒　白酒　粉紅酒

日本酒　蘭姆酒　莫希多調酒

💡 特徵

基本上是一道簡單的生魚沙拉，做法是將切塊鮪魚、蔬菜與椰奶涼拌，再擠入萊姆汁。每個家庭都有獨特的配方，因此也是一道傳統家庭料理，特徵是使用新鮮生魚。萊姆汁帶來清爽的風味，是一道符合大溪地南國風情的料理。

🖋 小知識

法語「poisson」是魚，「cru」是生，換句話說，這道料理的名稱就是生魚。日本也有吃生魚的文化，因此是日本人也吃得習慣的口味，雖然搭配啤酒或白酒都不錯，但也非常適合搭配蒸餾酒。尤其搭配莫希多等富含野趣又香氣十足的調酒更是美味。

智利

今天的智利料理融合了原住民與殖民國西班牙的飲食文化。智利葡萄酒號稱擁有最高的 CP 值，不僅在日本相當受歡迎，葡萄酒的文化也深入智利國內。除此之外，啤酒也擁有高人氣。

適合的酒
紅酒、白酒、啤酒、Highball、燒酎調酒、琴萊姆、伏特加

主要食材
玉米、牛絞肉、洋蔥

主要調味料
鹽、孜然、辣椒、辣椒粉

玉米餅
Pastel de choclo

玉米與絞肉的烤箱料理
也被稱為「玉米蛋糕」

TORO TOKYO

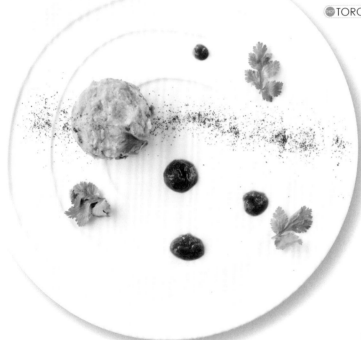

紅酒　白酒　啤酒

Highball　燒酎調酒　琴萊酒　伏特加

 特徵

將小玉米泥覆蓋在肉餡上的焗烤料理。一般做法是將烤雞肉放入耐熱烤盤，加入辣炒絞肉、水煮蛋、橄欖油，覆蓋上玉米奶油後焗烤而成。特徵是玉米的甜與肉餡的辣混合在一起的滋味。

 小知識

料理原名中「pastel」是蛋糕，「choclo」則是玉米的意思，換句話說就是玉米蛋糕。整體口味偏甜，因此才會有這樣的名稱。啤酒與蒸餾酒不僅能讓甜味變得清爽，也很搭配肉餡的辣味，讓人想要多吃幾口，因此非常適合這道料理。

丹麥

丹麥被稱為酪農王國，擁有豐富的肉類與乳製品。肉類以豬肉為主，至於使用煙燻鮭魚與醋漬鯡魚等魚類的料理則種類有限。最常喝的酒是啤酒與葡萄酒，馬鈴薯的蒸餾酒也很受歡迎。

適合的酒
啤酒、白酒、威士忌、Highball、蘭姆酒、莫希多調酒

主要食材
黑麥麵包（或法國麵包）、紅椒、生火腿、鮭魚、紫洋蔥、酪梨、酸豆、嫩葉生菜

主要調味料
鹽

開放式三明治
Smørrebrød

丹麥風的開放式三明治
黑麥麵包上放著豐富的食材

啤酒　白酒　威士忌　Highball　蘭姆酒　莫希多調酒

 特徵

丹麥人非常喜歡開放式三明治，是早餐與午餐的經典菜色。塗在麵包上的抹醬是奶油、酸奶油或芥末醬等，至於配料則是任何食材都可以。只不過一般不會用手拿著吃，而是以刀叉切成小塊再送入口。

 小知識

丹麥語「smør」是奶油，「brød」則是麵包，原本只是為了處理前晚剩菜的簡單料理，但只要挑選適合的配料，就能成為不折不扣的下酒菜。由於使用黑麥麵包，因此適合搭配啤酒或紅酒等較輕盈的酒，但有些配料也適合搭配酒體飽滿的紅酒。

丹麥

脆皮烤豬
Flæskesteg
丹麥風烤豬肉
妝點餐桌的國民主菜

適合的酒
啤酒、紅酒、燒酎、威士忌

主要食材
帶皮豬肉塊、蘋果、紅酒

主要調味料
鹽、胡椒、丁香、月桂葉

啤酒　紅酒　燒酎　威士忌

特徵

丹麥是知名的豬肉生產國,而脆皮烤豬就是一道丹麥名菜。「Flæskesteg」在丹麥語就是烤豬肉的意思,選用帶皮豬肉塊製作為其特徵。配菜紅酒煮蘋果也是當地的經典料理。此外,柳橙或越橘果醬也是受歡迎的配料。

小知識

脆皮烤豬的精髓就是烤到香脆的豬皮,酥脆的口感最適合搭配啤酒與紅酒。而品嘗多汁的豬肉後,烈酒能夠沖淡口中的油膩感,讓人忍不住再來一塊。丹麥人在耶誕節或喜事時,也會享用這道大餐。

德國

德國

　　德國的氣候與東南方的法國及義大利相比較為寒冷，受到氣候影響，食材絕對稱不上豐富，調味也以鹽、胡椒、醋與幾種辛香料的組合為主，因此料理的特徵是口味簡單、缺乏色彩。不過還是有香腸、德式酸菜、醋漬鯡魚等特色料理，據說冬季容易缺乏食材，所以保存食品特別發達。而說到德國人喜歡的酒精飲料，很多人都會想到啤酒吧？現在的啤酒消費量雖然有減少的傾向，依然穩坐世界第一的寶座。畢竟德國人從 16 歲就可以喝啤酒（如果有家長陪同，14 歲就可以喝，至於烈酒則從 18 歲就可以喝），所以消費量高或許也是理所當然。僅次於啤酒的是葡萄酒，德國人尤其喜歡偏辣的白酒。德國幾乎沒有像居酒屋這種地方，如果要在外面喝酒，一般會去酒吧。

▬ 德國

德式炸豬排
Schnitzel

德國版的炸豬排
以德國 style 重新詮釋維也納知名料理

適合的酒
啤酒、紅酒、白酒、燒酎、威士忌、
日本酒、Highball、燒酎調酒

主要食材
豬肉、蛋、麵粉、麵包粉、奶油

主要調味料
鹽、胡椒

德國

啤酒　紅酒　白酒　燒酎　威士忌　日本酒　Highball　燒酎調酒

特徵

將豬肉敲扁，沾附麵粉與蛋汁，再以奶油或豬油半煎炸而成的料理。在日本的啤酒屋菜單上也會有這道菜，只不過在日本的名稱是草鞋炸豬排。特徵是不用大量的油炸，而是以少量的奶油半煎炸。

小知識

維也納名菜炸肉排使用的是敲扁的小牛肉，至於這道料理則以德國方式重新詮釋（使用豬肉）。炸肉排發源自北義大利，傳到維也納之後成為國民美食，而後又傳到德國。一般來說適合搭配紅酒，但當地人也會搭配白酒享用。

德國

德國

咖哩香腸
Currywurst

柏林名菜咖哩香腸
搭配番茄醬與咖哩醬享用

適合的酒
啤酒、紅酒、燒酎、威士忌、
蘭姆酒、伏特加

主要食材
香腸、大蒜、洋蔥

主要調味料
咖哩粉、番茄醬、伍斯特醬、
白酒

啤酒　　紅酒　　燒酎　威士忌 蘭姆酒 伏特加

特徵

這道料理的特徵是讓知名的德國香腸吃起來
更美味的調味料。將伍斯特醬與番茄醬混合
而成的醬汁淋在煎熟的香腸上，再撒上咖哩
粉。雖然是德國代表性的速食，但搭配啤酒
與紅酒時更能發揮潛力。

小知識

「wurst」就是德語的香腸，在發源地柏林與
魯爾、漢堡非常受歡迎。據說起源自小吃攤
販赫塔・霍伊維爾（Herta Heuwer），她
將從英國士兵那得到的伍斯特醬與咖哩粉，
與番茄醬及其他香料混合，倒在油炸的切塊
香腸上，首創了這道料理。

▬ 德國

德式炒馬鈴薯
Bratkartoffeln
將馬鈴薯與洋蔥拌炒在一起
德國代表性的馬鈴薯料理

適合的酒
啤酒、白酒、燒酎、威士忌

主要食材
馬鈴薯、洋蔥、奶油

主要調味料
鹽、胡椒

德國

啤酒　白酒　燒酎　威士忌

💡 特徵

使用馬鈴薯製成的德國經典料理。先炒洋蔥，再加入水煮馬鈴薯拌炒，調味變化多端，有鹽味、咖哩味等等。德國人討厭弄髒廚房，因此使用烤箱烘烤才是馬鈴薯的一般做法。「kartoffeln」就是德語馬鈴薯的意思。

🎓 小知識

炒馬鈴薯在德國當地屬於一般的家庭料理，每個家庭都有自己的食譜配方，也可以當成下酒菜享用。鬆軟的馬鈴薯搭配偏辣的白酒也很適合。

德國

小黃瓜沙拉
Gurkensalat

小黃瓜製成的沙拉
蒔蘿香草是關鍵

德國

適合的酒
啤酒、白酒、燒酎、威士忌、
日本酒、Highball、燒酎調酒

主要食材
小黃瓜、蒔蘿

主要調味料
橄欖油、醋、鹽、胡椒

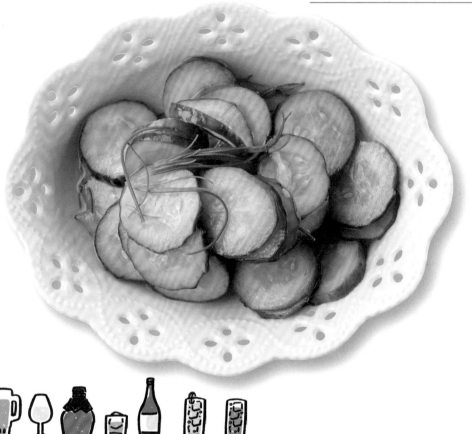

啤酒　白酒　燒酎　威士忌　日本酒　Highball　燒酎調酒

💡 特徵

德國的小黃瓜經典料理，特徵是使用蒔蘿香
草。只需要將小黃瓜切成薄片，再拌入醋、
橄欖油、蒔蘿即完成。調味的重點是蒔蘿特
有的清爽香味與微微的苦味。

🎓 小知識

據說蒔蘿也具有健胃整腸的效果，因此最適
合消化能力變差的夏天。蒔蘿的風味不僅能
夠凸顯啤酒與冰涼白酒的滋味，與小黃瓜一
起品嘗也很美味。這道料理也適合搭配德國
人較少喝的燒酎調酒、Highball 與日本酒
（冷酒）。

土耳其

土耳其料理是世界三大料理之一，以優格與堅果入菜為其特徵，冷菜使用橄欖油，熱菜則使用奶油。雖然是伊斯蘭教國家，卻允許喝酒。啤酒、葡萄酒與茴香酒（Raki）都很受歡迎。

適合的酒
啤酒、白酒、茴香酒、燒酎、威士忌、蘭姆酒

主要食材
牛絞肉、番茄罐頭、洋蔥、大蒜、義大利香芹

主要調味料
牙買加胡椒、孜然、鹽、胡椒

土耳其肉丸
köfte
香料燉煮而成的肉丸
土耳其新婚妻子的
經典料理

啤酒　白酒　茴香酒　燒酎　威士忌　蘭姆酒

💡 特徵

將絞肉與粉類、香料混合，捏成細長的橢圓狀，再以番茄燉煮而成的料理，特徵是香料味重。土耳其肉丸是土耳其代表性的家庭料理，因此當地媽媽會藉著這道料理展現廚藝，這同時也是新婚妻子會端給丈夫的一道經典料理。

🖊 小知識

土耳其肉丸雖然適合搭配啤酒與白酒，但在當地也是茴香酒「Raki」的人氣下酒菜。茴香酒是以葡萄為原料，並使用茴香調味的蒸餾酒，在希臘稱為「Ouzo」，在地中海以東一帶則稱為「Arak」。茴香的香氣更能帶出科夫塔的香料味。

紐西蘭

紐西蘭為玻里尼西亞島國，也是大英國協成員國，料理深受英國影響，以新鮮海產與羊肉為主，尤其傳承自英國的炸魚薯條更是國民美食。在紐西蘭年滿 18 歲就能喝酒。

適合的酒
啤酒、燒酎、威士忌、伏特加、蘭姆酒、燒酎調酒、Highball

主要食材
白肉魚、馬鈴薯、麵粉、蛋

主要調味料
鹽、美乃滋、番茄醬

紐西蘭

炸魚薯條
Fish and Chips

炸白肉魚搭配炸薯條
紐西蘭的國民美食

啤酒　　燒酎　　威士忌

伏特加　蘭姆酒　燒酎　Highball
　　　　　　　　調酒

💡 **特徵**

油炸鱈魚等白肉魚與薯條的拼盤，雖然是英國的經典料理，但在深受英國料理影響的紐西蘭，這道料理現在已經非常普及，堪稱是國民美食。本書使用的沾醬是番茄醬與美乃滋，但當地還有塔塔醬、酪梨醬等各式沾醬。

🎓 **小知識**

在英式英語中，「chips」就是薯條，而不是大家認知中的洋芋片，至於洋芋片在英式英語中則稱為「crisps」。一般而言，紐西蘭當地的薯條（chips）會比美式連鎖速食店端出來的薯條（french fries）還要粗。

 挪威

挪威大部分國土不適合農耕，因此料理以海鮮與野味為主。其鱈魚乾及燻鮭魚能夠出口到全世界，至於知名的野味則有麋鹿及野鴨等。挪威的酒類有啤酒及進口紅酒，而蒸餾酒阿夸維特（aquavit）與蜂蜜酒也很受歡迎。

適合的酒
啤酒、白酒、阿夸維特、琴酒、燒酎、威士忌、伏特加

主要食材
鮭魚、紫洋蔥、紅椒、檸檬、酸豆、橄欖油

主要調味料
鹽、胡椒、砂糖

醃鮭魚
Gravlax

醃漬的鮭魚
經典的挪威海鮮料理

挪威

啤酒　白酒　阿夸維特　琴酒　燒酎　威士忌　伏特加

特徵

鮭魚是挪威的名產，可香煎、夾三明治、製成沙拉等等，而其中最具代表性的就是醃鮭魚了。做法是將鹽撒在鮭魚上抹勻醃漬，家家戶戶都有「自家配方醃料」，也有不少家庭會使用蒔蘿。這道料理能夠延長鮭魚的保存期限，也是一大優點。

小知識

醃鮭魚也成為席捲全球美食界的新北歐料理中的基礎鮭魚料理，適合搭配阿夸維特酒（以馬鈴薯為原料的蒸餾酒），因為這款酒不僅能在漫長的冬日溫暖挪威人的身體，也能沖淡鮭魚的油膩。

巴基斯坦

巴基斯坦

巴基斯坦禁止伊斯蘭教徒喝酒，人口中有 97% 都屬伊斯蘭教徒，因此能喝酒的餐廳只在國內零星分布，不過適合配酒的下酒菜料理卻很豐富。

適合的酒
啤酒、威士忌、Highball

主要食材
秋葵、洋蔥、大蒜、薑、番茄

主要調味料
孜然、芫荽、薑黃、卡宴辣椒粉

香料秋葵
Bhindi Masala

香料炒秋葵
香料的滋味讓人上癮

啤酒　威士忌　Highball

特徵

印地語中「bhindi」是秋葵，「masala」則是香料，這道料理以多種香料打造調味基礎，再加入秋葵拌炒。重點在於秋葵必須縱切，不僅較容易炒熟，也能炒出黏性，充分裹附香料美味。這道料理在巴基斯坦是家常菜或咖哩的配菜。

小知識

巴基斯坦雖然禁酒，卻擁有亞洲第一座啤酒釀造場「穆里啤酒廠」（Murree beer），現在也取得政府許可，為非伊斯蘭教徒釀造國產啤酒。由於酒類禁止出口，因此在國外喝不到，但在當地的穆里啤酒總公司與觀光飯店酒吧都能購買。

🇵🇰 巴基斯坦

香料雞胗
Chicken Potey Masala
以香料燉煮的雞胗
也可當作咖哩雞胗享用

適合的酒
啤酒、威士忌、Highball、
檸檬沙瓦、莫希多調酒

主要食材
雞胗、洋蔥、大蒜、薑

主要調味料
紅椒、薑黃、肉桂、小豆蔻，丁香

巴基斯坦

啤酒　威士忌　Highball　檸檬沙瓦　莫希多調酒

💡 特徵

巴基斯坦雞胗料理的特徵是燉煮到柔軟，沒有平常的那種微脆口感，雖然是雞胗的味道，口感卻像燉煮的雞腿肉一樣。煮出來的肉汁直接融入湯頭，產生濃厚的鮮味。當地人會像吃咖哩一樣搭配白飯，或搭配烤餅、烙餅一起吃。

🎓 小知識

巴基斯坦料理在發展的過程中受到印度，尤其是北印度料理的影響，因此咖哩也是家常美食。香料味重的咖哩料理建議搭配啤酒、Highball、沙瓦調酒等。薄荷口味的莫希多調酒，能讓香料味更加明顯。

峇里島

峇里島與爪哇島都在印尼，但
與偏甜的爪哇料理相比，峇里
島的料理又鹹又辣，口味較重。
印尼雖然是伊斯蘭教國家，但
峇里島卻信奉印度教，因此可
以喝酒。受歡迎的酒類是啤酒、
葡萄酒、椰子烈酒（Arak）。

適合的酒
啤酒、紅酒、燒酎、威士忌、
日本酒、椰子烈酒（Arak）

主要食材
肉、花生、辣椒末、小米椒、
紅蔥頭、番茄、胡椒

主要調味料
鹽、砂糖

沙嗲
Satay

峇里島的串燒料理
口味與爪哇島的
沙嗲略有不同

啤酒　　紅酒　　燒酎

威士忌　日本酒　椰子烈酒

💡 特徵

以竹籤串肉的碳烤料理，受到中近東烤肉串
的影響，也類似日本的串燒料理。而沙嗲與
日本串燒料理的最主要差別在於醬料，沙嗲
的特徵是幾乎都使用以辣椒為基底的辣味花
生醬。

🎓 小知識

適合搭配沙嗲的椰子烈酒是以椰子為原料的
蒸餾酒，也是峇里島當地的酒。特徵是原本
無色透明，加了水之後就會變得白濁。喝起
來爽口沒有怪味，不會影響料理的味道，因
此受到喜愛。整體而言最適合搭配重口味、
香辣的峇里島料理。

峇里島

加多加多
Gado Gado
淋上花生醬的水煮蔬菜
印尼的國民沙拉

適合的酒
啤酒、白酒、燒酎、威士忌、
蘭姆酒、椰子烈酒

主要食材
花生、高麗菜、花椰菜、番茄、
豆芽、油豆腐、水煮蛋

主要調味料
砂糖、辣椒、大蒜、印尼甜醬油

啤酒　白酒　燒酎　威士忌　蘭姆酒　椰子烈酒

特徵

印尼代表性的國民沙拉，將花生醬淋在水煮
蔬菜上享用。印尼各地區的花生醬也有不同
調味，例如爪哇島的調味偏甜，峇里島則偏
辣。經常使用的蔬菜有扁豆、高麗菜、花椰
菜、番茄、豆芽、油豆腐與水煮蛋。

小知識

最適合搭配當地料理的啤酒，就是獲得壓倒
性支持的民丹啤酒（Bintan）了。據說其輕
盈爽快的口感，是使用海尼根公司的技術再
配合峇里島環境改良而成。最受歡迎葡萄酒
則是哈登葡萄酒（Hatten Wines），為搭配
當地炎熱氣候與香辣料理，特別強調其酸味。

 夏威夷

各國移民帶來的豐富飲食文化為其特徵。使用大盤盛裝各式料理的午餐盤，就是各地移民共享各自帶來的食物所保留下來的習慣。啤酒、蘭姆酒、葡萄酒及伏特加都很受歡迎。

適合的酒
啤酒、白酒、燒酎、日本酒、蘭姆酒

主要食材
鮪魚、洋蔥、大蔥、檸檬汁、山葵

主要調味料
醬油、味醂、芝麻油、鹽

鮪魚沙拉
Ahi Poke

由日本移民發展出來的夏威夷風醃漬鮪魚

夏威夷

啤酒　白酒　燒酎　日本酒　蘭姆酒

 特徵

將海鮮切成小塊，放入以醬油為基底的醬汁中醃漬而成的料理，換句話說，就是日本的「醃漬海鮮」。夏威夷語的「poke」就是「將魚切成小塊」或「魚塊」的意思，當地一般使用鮪魚、鮭魚或鮮蝦製作，本書介紹的食材是鮪魚。

 小知識

夏威夷原本就有吃生魚的文化，將捕撈到的魚類處理乾淨，以海鹽調味，再搭配海藻享用。19 世紀時，日本移民大量湧入，使得醬油文化逐漸普及，而各國移民也帶來新的食材與調味料，使得這道料理逐漸演變成現在的形式。

🇺🇸 夏威夷

蒜蓉蝦
Garlic Shrimp

蒜蓉風味的帶殼蝦
發源自歐胡島北岸的當地美食

適合的酒
啤酒、白酒、燒酎、日本酒、
蘭姆酒

主要食材
鮮蝦、麵粉

主要調味料
鹽、胡椒、大蒜、奶油、橄欖油

啤酒　白酒　燒酎　日本酒　蘭姆酒

💡 特徵

夏威夷的鮮蝦料理，發源自養蝦業盛行的歐胡島北岸。先將鮮蝦以大蒜與橄欖油調成的醬料醃漬（有時也會加入白酒與檸檬汁），煎熟之後再加入醃漬的醬料與奶油。將煎到香酥的蒜味鮮蝦連殼一起品嘗，是夏威夷的當地美食。

🎓 小知識

如果蒜頭蝦想搭配啤酒享用，一定要選擇最具代表性的夏威夷產的科納啤酒（Kona）。女性推薦水果風味、容易入口的愛爾啤酒（上層發酵）「Big Wave」，男性則推薦啤酒花風味濃厚，後味清爽的拉格啤酒（下層發酵）「Long Board」。

巴拿馬

巴拿馬料理融合了原住民的
飲食文化與殖民統治者西
班牙的飲食文化,以薄餅
(Tortilla)與秈米為主食,
酒類則以啤酒與萊姆酒最受
歡迎。

適合的酒
啤酒、燒酎、泡盛、皮斯可酒
(Pisco)、Highball、燒酎調酒、
日本酒、琴酒、伏特加

主要食材
甜菜根、馬鈴薯、藜麥、豆子、
玉米、紅蘿蔔

主要調味料
鹽、芥末、美乃滋

巴拿馬

甜菜根馬鈴薯沙拉
Ensalada de Papas

加入甜菜根的馬鈴薯沙拉
巴拿馬的國民下酒菜

⊙ TORO TOKYO

啤酒　燒酎　泡盛

皮斯可酒　Highball　燒酎調酒　日本酒　琴酒　伏特加

💡 特徵

西班牙語「ensalada」是沙拉,「papas」
則是馬鈴薯的意思,是一道活用甜菜根滋味
的巴拿馬國民馬鈴薯沙拉。甜菜根富含多酚,
具有高抗氧化作用,對健康很有益。

🎓 小知識

巴拿馬的甜菜根食用率僅次於俄羅斯,由於
食譜是從俄羅斯傳來,因此也被稱為俄羅斯
風沙拉。中南美常喝的皮斯可酒(以葡萄為
原料的蒸餾酒)滋味清爽,能夠帶出沾附了
美乃滋與芥末的馬鈴薯風味。

孟加拉

孟加拉是稻米與魚的國度，主食是拋餅（Roti）與薄餅等麵包類與米，與咖哩風味的配菜很搭。特徵是與鄰近各國相比，使用了大量的蔬菜與魚類。9成的國民信奉伊斯蘭教，因此禁止飲酒。

適合的酒
啤酒、白酒、Highball、蘭姆酒、伏特加、燒酎調酒、琴酒

主要食材
白肉魚、洋蔥、番茄罐頭、大蒜、薑

主要調味料
芫荽、薑黃、孜然、卡宴辣椒粉、綜合香料

魚咖哩
Macher Kalia

番茄風味的炸魚咖哩
香料味重，滋味濃厚

啤酒　白酒　Highball　蘭姆酒　伏特加　燒酎調酒　琴酒

 特徵

孟加拉語「macher」就是魚的意思。孟加拉位於三角洲，河川呈網狀分布，河魚豐富。這道料理的做法是將河魚不裹粉直接油炸，再搭配番茄咖哩醬。先油炸再做成咖哩是孟加拉特有的烹調方法，目的是為了除去河魚的土腥味。

小知識

雖然先油炸再製成咖哩較費工夫，但能為魚肉增添香醇美味。炸物適合搭配啤酒、Highball、燒酎調酒等碳酸強勁的酒類。由於是番茄風味料理，因此與葡萄酒也很搭。此外，只要搭配蒸餾酒享用，即使不喜歡炸物的人也會意外地停不下筷子。

菲律賓

菲律賓料理雖然受到中國與殖民國西班牙的影響，卻沒有在料理剛做好時就趁熱享用的習慣，等到完全冷掉之後再吃是其特徵。滿18歲即可喝酒，最受歡迎的是啤酒、威士忌、白蘭地、可可伏特加。

適合的酒
啤酒、威士忌、燒酎、白蘭地、伏特加、蘭姆酒

主要食材
雞肉或豬肉、馬鈴薯、洋蔥、大蒜

主要調味料
醋、醬油、魚露、砂糖

菲律賓

醋燒肉
Adobo
醋醬油燉雞肉
菲律賓的代表性
家庭料理

啤酒　威士忌　燒酎　白蘭地 伏特加 蘭姆酒

💡 **特徵**

菲律賓的國民美食，做法是先將肉浸在以醋為主的調味料醃漬再燉煮。大蒜、醬油、魚露等調味料的風味滲進肉裡，不僅更加增添鮮味，更重要的是還能讓肉質變得柔軟。一般會使用帶骨雞肉（雞翅）與豬肉（豬腳）。

🎓 **小知識**

醋燒肉分成煮到醬汁收乾的照燒風，與留下滷汁的燉煮風兩種。如果想要搭配啤酒，前者較推薦口味清爽的皮爾森啤酒（發酵程度較輕的拉格啤酒）「生力」（San Miguel），後者較適合啤酒花厚重的拉格啤酒「紅馬」（Red Horse）。

芬蘭

芬蘭料理以使用黑麥、大麥、燕麥等全穀類與莓果聞名,香腸也是國民美食。雖然料理受到俄羅斯很大的影響,但特徵卻是幾乎不使用酸奶油。

適合的酒
啤酒、白酒、燒酎、威士忌、琴酒、伏特加

主要食材
香腸

主要調味料
鹽

芬蘭香腸
Grilli Makkara

煎烤香腸
芬蘭的代表下酒菜

啤酒　白酒　燒酎　威士忌　琴酒　伏特加

特徵

煎烤香腸也是芬蘭的國民美食,芬蘭語「grilli」是煎烤,「makkara」則是香腸的意思。雖然直接吃也很美味,但當地人多會搭配番茄醬與芥末享用。特徵是脆彈的外皮與滿溢而出的肉汁。

小知識

酒精飲料在芬蘭由國營企業販賣,若酒精濃度未達 22%(啤酒或葡萄酒等),滿 18 歲即可飲用(22% 以上的烈酒則要等到 20 歲)。最受歡迎的是啤酒與伏特加。啤酒文化與三溫暖文化一起發展,伏特加則受到鄰國俄羅斯很大的影響。

不丹

不丹料理據說是世界第一辣，飲食文化特徵是將辣椒當「蔬菜」吃，並且大量使用乳酪。不丹允許自家釀酒，因此每個家庭都有自家釀的蒸餾米酒。

適合的酒
啤酒、阿拉（Ara）、燒酎、威士忌、伏特加、蘭姆酒、琴酒

主要食材
乳酪、辣椒、大蒜、洋蔥

主要調味料
鹽

乳酪辣椒
Ema Datshi

乳酪燉煮辣椒
不丹的國民美食

啤酒　燒酎　燒酎　威士忌 伏特加 蘭姆酒 琴酒

特徵

宗喀語「ema」是辣椒，「datshi」則是乳酪。做法是將辣椒放進鍋子，再加入少量的水與乳酪燉煮。放進嘴裡先感受到的是衝擊性的辣味，接著可以微微嘗到蔬菜獨特的甜味，難怪不丹人會把辣椒當成蔬菜。也有很多不丹人一天三餐都吃乳酪辣椒。

小知識

阿拉是以米為原料的蒸餾酒，不丹允許在家釀造，因此幾乎所有家庭都有自己的配方，例如有人會加入肉乾，入山椒或薑，也有人會加入藥材。吃乳酪辣椒時，喝水會覺得更辣，但如果搭配阿拉就能降低辣度，讓甜味更加擴散。

 **巴西**

巴西料理的特徵因地區而異，一般較知名的巴西料理主要發源自東南部。當地常喝的酒除了啤酒之外，還有以甘蔗為原料的蒸餾酒卡沙夏（Cachaca）。

適合的酒
香檳、氣泡葡萄酒、啤酒、Highball、燒酎調酒

主要食材
肉（牛橫膈膜或牛腰內肉等）、洋蔥、辣椒、鳳梨、巴西莎莎醬

主要調味料
鹽、胡椒

巴西窯烤
Churrasco

南美最具代表性的肉類料理之王
巴西版的 BBQ 烤肉

🏪 TORO TOKYO

香檳　氣泡葡萄酒　啤酒　Highball　燒酎調酒

💡 **特徵**

巴西窯烤的做法是將牛肉、豬肉、雞肉、蔬菜等串在鐵串上，撒上岩鹽後再以炭火慢慢烘烤。在餐廳享用時，會由男性服務生將烤得恰到好處的肉串拿到顧客面前，當場切下顧客想吃的份量，再淋上巴西莎莎醬。除了肉串之外，也會烤蝦串與鳳梨串。

🎓 **小知識**

巴西窯烤除了香檳與氣泡葡萄酒之外，也適合搭配啤酒、Highball、燒酎調酒等入喉清爽的酒。巴西莎莎醬在當地稱為「Molho de Vinagrete」，特徵是圓潤的酸味，在巴西也會搭配沙拉、燉煮料理等，是巴西的國民醬料。

巴西

茄汁鱈魚
Bacalhau
巴西代表性的魚料理
以番茄燉煮鱈魚

🏷TORO TOKYO

適合的酒
卡沙夏 51、燒酎

主要食材
生鱈魚、大蒜、洋蔥、番茄、
酸豆、鯷魚、橄欖

主要調味料
鹽、黑胡椒、奧勒岡葉、芫荽

巴西

卡沙夏 51　燒酎

🔆 特徵

番茄燉鱈魚的調味來自鯷魚的鹹與番茄的
酸，與義大利料理相近，很受日本人歡迎。
料理的葡萄牙語名稱「bacalhau」，指的
是鹽漬鱈魚乾，因此正統巴西料理使用鱈魚
乾製作，不過改用生鱈魚也可以。使用生鱈
魚的重點是要煎到金黃色。

🎓 小知識

巴西人信奉天主教，在一些特定期間禁止吃
肉，而鱈魚乾在這段期間就是珍貴的保存
食品。人們在至今仍禁止吃肉的聖週，就會
吃這道番茄燉鱈魚。卡沙夏酒在當地俗稱
「Pinga」，51 則是最頂級品牌。

🇧🇷 巴西

巴西烤雞
Galeto Assado

里約熱內盧名菜
鮮嫩多汁烤全雞

🍴TORO TOKYO

適合的酒
偏甜的調酒、卡比羅斯卡調酒

主要食材
雞肉

主要調味料
鹽、醋、孜然、奧勒岡葉、
胭脂樹籽

🍸　　🥃
調酒　　卡比羅斯卡
　　　　調酒

💡 特徵

巴西烤雞使用 30 天內的幼雞，放進巴西烤爐內，邊轉動邊以炭火緩慢地將幼雞烤到外皮香脆，裡面鮮嫩多汁。在餐桌禮儀嚴格的巴西，只有在吃烤雞時允許用手拿取，當地人甚至覺得這麼吃才瀟灑。

🎓 小知識

適合搭配的卡比羅斯卡調酒，是以卡沙夏酒為基底，並使用萊姆與砂糖調配味道的巴西傳統調酒。卡沙夏酒不僅能夠沖淡烤雞的油膩，其微微的甜味還能讓香辣酥脆的雞皮更顯鮮美。

巴西

洋蔥炒辣腸
Linguica Cebola

生香腸與洋蔥的拌炒料理
複雜的香氣與辣椒的辛辣是其魅力

TORO TOKYO

適合的酒
較淡的粉紅酒、較淡的紅酒

主要食材
生香腸、洋蔥、青椒

主要調味料
肯瓊香料粉、辣椒、鹽、胡椒

粉紅酒　　紅酒

 特徵

葡萄牙語「linguica」的意思是「加入香料
的香腸」，「cebola」則是「洋蔥」。換句
話說，就是香腸與洋蔥的拌炒料理。正統做
法是使用肯瓊香料粉與生香腸，因此鹽少少
的就可以。香辣的口味很適合當下酒菜。

小知識

據說這道料理使用的香腸由義大利移民傳
入，因此承襲了義大利香腸的做法，由於適
合燒烤，因此巴西人有時也會直接將生香腸
放進以遠火燒烤的巴西烤爐裡烹調。香料炒
臘腸是巴西人也經常在家庭中製作的料理，
通常作為前菜。

罐頭
下酒菜圖鑑

罐頭一直以來都被視為戶外活動或是非常時期珍貴的保存食品，但最近「罐頭下酒菜」這個新的類別也受到矚目。
本書調查了大家熱烈討論的罐頭下酒菜。

什麼是罐頭下酒菜？

喝酒時不可缺少「下酒菜」，而罐頭下酒菜就是專門為這種情況開發的罐頭，因此製作時特別挑選適合配酒的食材與菜色。打開罐頭就能品嘗也是受歡迎的理由，最便宜的大約 100 日圓（約台幣 30 元）就能買到，價格相當合理。而種類豐富、能夠買來存放等也是廣受消費者喜愛的優點。

罐頭是在什麼時候發明的呢？

製作罐頭的目的是為了長期保存食品，其歷史可以回溯到 19 世紀初，因法國大革命而名留青史的拿破崙為了遠征而將食物塞進瓶子裡，這就是最早的罐頭。後來英國商人發明了以馬口鐵罐保存食品的方法。1877 年，日本的北海道開拓使石狩罐頭製造所開始生產鮭魚罐頭。現在日本各地都有罐頭廠，使用各種不同的食材製造不同的罐頭。

掀起下酒菜罐頭熱潮的「K&K 下酒罐」

秉持「下酒菜讓美酒更美味」的信念製造的罐頭

日本超市常見的「K&K 下酒罐」，是為了讓美酒喝起來更美味而製造的罐頭。嚴格選用適合下酒的食材、採取善用食材特色的製法與豐富的種類，不僅受到酒客喜愛，在美食家之間也是人氣商品。其中甚至還有日本各地嚴選食材的罐頭、紅楚蟹與牡蠣的罐頭等等。使用這些高級食材的罐頭，濃縮了食材的鮮味，美味到只要吃過一次就會上癮。接下來的新口味也值得期待。

罐頭內裝著滿滿的日本產的紅楚蟹肉，包裝也具有設計感。

日本產 烤熟成黑毛和牛

熟成肉的
高級下酒菜

使用日本產的黑毛和牛熟成肉，充滿了高級感。緩慢烘烤的牛肉鹹香軟嫩，不僅適合搭配紅酒，也非常適合搭配威士忌與日本酒。雖然打開就能品嘗也是罐頭下酒菜的魅力，但搭配蔬菜一起盛裝在高雅的盤子上，就能搖身一變成為餐廳會出現的料理。使用能夠突顯牛肉鮮美的洛林岩鹽與香料調味，相當奢侈。60g

蜂蜜芥末厚切培根／105g。
酸酸甜甜的絕妙料理。

宮崎縣產 霧島黑豬培根／60g。
霧島山麓飼養的黑豬。

蔥鹽醬烤牛舌／60g。
切成骰子狀的牛舌。

日本產 鹽味麻糬和豚豬心／45g。
使用日本產品牌豬的豬心。

鮮味濃縮，具有嚼勁

豬舌

以櫻花木屑緩緩將嚴選豬舌燻出香氣的燻烤下酒菜。這款下酒菜具有嚼勁，可說是豬舌的特徵，越嚼越能在口中綻放鮮美滋味，煙燻香氣撲鼻而上，適合搭配能與煙燻味抗衡、風味強烈的精釀啤酒，或是中等酒體的紅酒。如果想搭配日本酒，則適合先將酒溫熱。除此之外，像生火腿一樣切成薄片放在長棍麵包上也很適合。是一道具有口感與豐富滋味的料理。50g

極盡奢侈

 紅楚蟹蟹腳拌蟹膏

打開罐頭，就會被塞得滿滿的紅楚蟹大塊蟹腳嚇到。而且用筷子夾出之後，還會發現蟹腳上裹覆著蟹膏！這款罐頭下酒菜，同時封入了日本產紅楚蟹的蟹腳與濃厚的蟹膏，極盡奢侈之事。濃縮了滿滿鮮甜滋味的蟹肉，竟然能夠拌著蟹膏品嘗，這樣的組合超級夢幻。如此至高無上的幸福時刻，請搭配日本酒一起享受。60g

廣島縣產 煙燻油漬牡蠣／60g。
櫻花木燻製，海藻鹽調味。

北海道噴火灣產 煙燻油漬扇貝／55g。
鄂霍次克海鹽調味。

油煮明石章魚／120g。
白酒與蒜頭調味，風味絕佳。

日本近海捕撈 油漬沙丁魚／150g。
使用新鮮沙丁魚。

海膽高湯凍／65g。
以高湯凍封住海膽的小菜。

宮崎油漬金河豚／135g。
以獨特方式烹調，保留口感的奢侈罐頭。

煙燻海瓜子／40g。
突顯鮮味，口感絕佳的煙燻海瓜子。

煙燻鮭魚肚／50g。
燻製鮭魚最肥美的腹肉。

義式味噌鯖魚／150g。
番茄香料口味。

**考慮營養均衡的
日式家常菜**

 家鄉味 雞肉燥燴小芋頭

雖然罐頭在非常時期很有幫助，但 HOTEI FOODS 認為只吃罐頭麵包或白飯會營養不良，因此開發出「家鄉味系列」。這款罐頭考慮到營養的均衡性，組合了幾種食材，方便消費者同時攝取蛋白質與脂肪，在災害的時候能夠發揮極大的作用。蓋子使用容易打開的薄膜式「輕鬆撕」也是特徵。口感綿密的小芋頭淋上醬油口味勾芡雞肉燥的日式家常菜罐頭，也是平常珍貴的下酒菜，儲備起來更放心。80g

家鄉味 羊栖菜五目煮／75g。
能夠攝取 5 種食材的日式家常菜。

甜辣烤雞肉串／75g。
辣椒帶來香辣醇厚的滋味。

大蒜黑胡椒烤雞肉串／75g。
大蒜醬油風味。

醬燒味烤雞肉串

日本代表性的罐頭下酒菜，也是自 1970 年誕生以來，至今人氣依然不減的長銷產品，從北海道到沖繩，隨處都能看見這款罐頭的蹤影。HOTEI FOODS 的烤雞肉串罐頭，從當初開賣至今，都堅持使用炭烤日本產雞肉，其中最受歡迎的就是這款醬燒味。甘甜濃厚的密傳醬汁加入焦香的醬油，變得更加鹹香美味。無論是搭配啤酒，還是當成消夜小點都很方便。罐頭的賞味期間長，能夠常溫保存，當成防災用的儲備食品也很推薦，在非常時期能夠成為營養來源。75g

柚子胡椒烤雞肉串／70g。
以鹽燒為基底的柚子胡椒風味。

**元祖罐頭下酒菜
至今依然人氣不減**

鹽燒烤雞肉串／70g。
品嘗食材原味的清爽鹽味。

甜辣醬味雞唐揚

適合配酒的
辣味雞唐揚

雞唐揚可以做成罐頭嗎？雖然有一瞬間以為自己
眼花，但品嘗之後更加驚訝。原本覺得雞唐揚罐
頭的技術難度高，實現起來相當困難，但不愧是
烤雞肉串罐頭的先驅，吃起來的味道就是雞唐揚。
以炸到香酥的雞唐揚為基底，搭配帶有辣椒刺激
感與濃厚鮮甜味的甜辣醬。雖然香辣，卻帶有適
度的醇厚與甜味，這樣的口味，讓人忍不住搭配
一杯又一杯的啤酒或日本酒。60g

起司醬馬鈴薯培根／125g。
起司鍋風。

照燒美乃滋雞唐揚／60g。
濃厚的南蠻炸雞口味。

和風醬油雞唐揚／45g。
日本產嫩雞肉的香辣醬油味。

黑胡椒馬鈴薯培根／90g。
德式炒馬鈴薯風。

調味海螺肉／90g。
加入鰹魚鮮味的甜醬油味。
也適合煮成炊飯。

炭烤螺肉／65g。
海潮香氣恰到好處的炭烤螺肉。

在家也能感受
海濱氣息的
下酒菜

濱燒簾蛤

以漁夫在海邊豪邁燒烤貝類料理為概念製作的罐頭下酒菜。
在講究的醬油醬汁裡加入焦香醬油，徹底追求香氣。食材則
選用充滿鮮味的雙殼貝（簾蛤），在炭火上仔細燒烤出更具
彈性的口感。適合搭配的當然就是啤酒了！喝酒時想像自己
就在海邊燒烤，心境彷彿就是漁夫。天氣冷的時候，有著焦
香醬油味的罐頭，也很適合搭配溫熱的日本酒。55g

罐子具有設計感
讓人印象深刻

La Cantine
檸檬口味橄欖油漬鯖魚柳

「La Cantine」在法語中是餐館的意思，這個系列的罐頭，讓人聯想到在巴黎的午後，邊啜飲紅酒，邊享用下酒菜的「優雅」場景。有著可愛藍色花紋的白底罐頭，甚至讓人想在吃完之後收藏。這款罐頭選用肥美的挪威鯖魚，使用清爽的橄欖油醃漬，並帶有檸檬的香氣，適合搭配口感俐落的白酒與香檳。100g

秘傳蒲燒沙丁魚／100g。
使用特製醬汁燒烤的浦燒罐頭。

蒲燒秋刀魚／100g。
使用傳統醬汁烤成鹹香的浦燒口味。

月花水煮鯖魚／200g。
有著肥厚鯖魚肉的大份量頂級罐頭。

南蠻漬竹筴魚／100g。
使用日本產竹筴魚的家常炸物罐頭。

茄汁煮沙丁魚／100g。
番茄醬汁的燉煮沙丁魚罐頭。

檸檬沙丁魚／100g。
以檸檬湯燉煮沙丁魚。

醬燒烤雞肉串／60g。
醬油基底的鹹香烤雞肉串。

有明煮調味赤貝／150g。
以甜鹹醬油燉煮日本產赤貝。

曙光鮭魚／180g。
只用海鹽調味的粉紅鮭魚罐頭。

**可以直接品嘗
也可以運用到料理之中**

頂級罐頭牛肉絲（粗粒黑胡椒口味）

這款罐頭美味到不禁讓人懷疑，以前吃的罐頭牛肉到底是什麼？黑胡椒味濃厚的多汁牛肉絲，帶有香料的刺激感。牛肉絲在放進口中之後散開，鮮美的牛肉味緩緩滲入味蕾，讓人充分品嘗肉絲的滋味。除了直接配飯或配酒之外，也是珍貴的料理食材。推薦搭配兼具圓潤甜味與濃厚奢侈風味的波本威士忌。90g

燻製西班牙香腸肉丁／60g。多汁彈牙的滋味。

油漬日本產雞肉（西洋油煮風）／65g。迷迭香風味。

北海道產白酒蒸螺肉（檸檬風味）／70g。蒜香風味。

廣島縣產 油漬煙燻牡蠣／70g。活用煙燻風味的綿密油漬牡蠣。

明太子鮪魚罐

FUKUYA

**明太子風味鮪魚
最適合當下酒菜**

「明太子鮪魚罐」是以明太子聞名的 FUKUYA 所推出的罐頭，結合了明太子與鮪魚這兩種看似搭配卻從未被組合在一起的食材，成為福岡爆紅的地區特產罐頭。這款罐頭以優質的日本產長鰭鮪魚為主要食材，再以醃漬「經典口味明太子」的醬汁調味，使鮪魚吸收恰到好處的辣味與鮮味，可以當成下酒菜品嘗。口味有經典、辣味、高級 3 種。高級罐頭加入了多達 20% 的明太子魚卵，是一款奢侈的罐頭。

可以比較 3 種口味的優惠套組。各 90g

油漬罐頭明太子／85g。這款罐頭也是人氣商品，常溫可保存 3 年。

拜訪美食之都
「巴斯克的聖塞巴斯提安」

撰文・Celica Fujisawa（料理研究家）

飲食文化、藝術、美麗的大海、歷史古蹟……聖塞巴斯提安蘊藏著許多魅力。由於這裡有為數眾多的米其林星級餐廳，因此也是許多媒體都介紹過的美食之都。雖然高級餐廳也很吸引人，但聖塞巴斯提安還有 100 家以上的酒吧林立，每家店的主廚都發揮手藝，各自提供自豪的下酒菜與美酒。愛好美食與美酒的人，絕對都想來這座城市看看。這次就由我這個愛吃鬼帶大家逛酒吧，介紹美味的下酒菜。

在酒吧林立的舊市街，每家店的櫃台都擺滿了竹籤小點（Pintxos）。巴斯克的風格就是邊搭配竹籤小點邊站著喝酒。

聖塞巴斯提安位在海邊，因此海鮮也很豐富。新鮮海魚搭配當季蔬菜的料理，就是這裡自豪的下酒菜。

✚ San Sebástian

© 西班牙政府觀光局

聖塞巴斯提安面對著比斯開灣（Bay of Biscay），巴斯克語的名稱是「德諾斯提亞」（Donostia），當地的標示兩種語言並列。

© 西班牙政府觀光局

貝殼海岸被譽為坎塔布里亞海的珍珠。夏天也有許多享受海水浴與玩衝浪板的觀光客，相當熱鬧。

以一根棒子在白色沙灘上描繪圖案的沙灘藝術。巴斯克也有許多藝術家居住，在這裡是日常可見的風景。

© 西班牙政府觀光局

舊市街有歷史古蹟與哥德式、巴洛克式教堂，據說從前也會在廣場上舉辦鬥牛大會。

巴斯克在哪裡呢？

橫跨兩個國家的地區

「最近常聽到巴斯克，是國名嗎？」應該不少人都有這樣的疑問。巴斯克指的是西班牙與法國交界的地區，面對著比斯開灣一帶稱為「海巴斯克」，面對庇里牛斯山脈一帶則稱為「山巴斯克」。此外，由於這個地區橫跨兩個國家，因此也分別稱為「西屬巴斯克」與「法屬巴斯克」。這裡使用的語言有西班牙語、法語、被認為是古歐洲語言之一的巴斯克語，標示與站名也以3種語言混合使用。因此從法屬巴斯克搭電車前往西屬巴斯克時，雖然是同一個站，站名卻不一樣，轉乘時必須注意。

舊市街附近也有帆船停泊港。放假的時候很多人來這裡玩風帆，是住在海港城市的人特有的娛樂。

© 西班牙政府觀光局

跑酒吧享受美食美酒固然不錯，但夜景也很美。從遠方眺望林立於舊市街的酒吧通明的燈火，也是一幅絕景。

↑舊市街的聖文森教堂建造於16世紀前半，是聖塞巴斯提安最古老的教堂。

←聖塞巴斯提安面對著美麗的坎塔布里亞海，也是知名的衝浪聖地。這裡也會舉辦衝浪大賽，來自世界各地的職業衝浪選手在此齊聚一堂。

←酒吧林立的舊市街。建築物風格統一，彷彿就像主題樂園。

© 西班牙政府觀光局

↑幾乎所有酒吧都提供生火腿，吊掛在店門口的豬腳相當驚人。

←小型超市外擺著許多當季食材。秋天是菇類的季節，因此也經常可以看到生牛肝菌。

巴斯克是多雨的地區，為了避免街道積水，道路鋪成微妙的斜度，讓雨水能夠聚集到中央。

聖塞巴斯提安擁有美酒與美味的下酒菜、古色古香的街景、鄰近美麗海灘，是大人的天堂。

巴斯克的聖塞巴斯提是怎樣的地區？

其實是也很適合家庭旅遊的城市

聖塞巴斯提安是巴斯克地區的面海城市，有舊市街與新市街，傳統酒吧主要分布在舊市街。櫛比鱗次的度假飯店沿著能夠眺望坎塔布里亞海的海灘建造，舊市街則有跑酒吧的人視若珍寶的小巧民宿。白天與夜晚展現截然不同的風貌，也可說是這座城市的特徵，白天適合家庭與情侶在海邊玩水及觀光，夜晚則屬於跑酒吧的酒客。城市裡有美術館與水族館，而花大約1個小時的車程，開車或搭巴士往山的方向前進，還有巴斯克本地特產查克利白酒的酒廠與葡萄酒莊、蘋果酒的釀造廠等許多值得一訪的景點。除此之外，還能在市集購買紀念品、到貝雷帽的創始店試戴帽子等。在聖塞巴斯提安除了可以愉快吃喝，還有許多多元樂趣。

前進聖塞巴斯提安的酒吧
下酒菜巡禮

這趟旅行的重頭戲當然就是美酒與下酒菜了。
我挑戰了跑酒吧，試試一天能夠跑幾家！

規定自己每家店只點
1 杯酒與 1 盤下酒菜

聖塞巴斯提安的舊市街有 100 家以上的酒吧林立，每家都能品嘗到不同的下酒菜。既然如此，只待在 1 家店慢慢喝就太可惜了。於是我決定給自己每家店只能點 1 杯酒的規則，盡可能多跑幾家酒吧。第 1 站先點小杯啤酒，接著依照查克利白酒、紅酒、累了就喝蘋果酒的順序，轉眼間就跑了 5 家酒吧。我在每家酒吧吃吃喝喝，與形形色色的人談天說地，如果醉意湧上，語言障礙什麼的完全不成問題。旅行就是接連不斷的邂逅，我想這就是跑酒吧的醍醐味吧？進酒吧的第 1 句話就是「Una vino tinto por favor」（請給我 1 杯紅酒！）因為朋友告訴我只要記住這句話就沒問題，而跑到第 6 家的時候，這句話似乎已經能夠自然而然地脫口而出。查克利白酒、紅酒與下酒菜的搭配，吃再多也不會膩。

紅酒燉牛頰肉，堪稱下酒菜之王。入口即化的軟嫩肉塊帶有紅酒芳醇的風味。搭配具有點睛效果的辣味山葵醬與黑芝麻，給人莫名的和風印象，是一道絕品料理。

配上海藻泡沫，口味溫和的燉飯。燉飯中加入海苔，也帶有和風的感覺。雖然是飯類料理，但比起酒後暖胃，更讓人想要配著查克利白酒享用。

酒吧巡禮的第一站是用小玻璃杯啜飲的淡啤酒。下酒菜則是經典的長棍麵包擺上普羅旺斯燉菜與油漬沙丁魚、奶油焗海膽、以及串著橄欖、鯷魚與青辣椒的希爾達（gilda）。

←聖塞巴斯提安的下酒菜不可缺少生火腿。擺上藍紋起司與卡門貝爾起司等的竹籤小點也很有人氣。撒上粗鹽的炸糯米椒與查克利白酒極為搭配。當季鰻魚苗價格很高，因此酒吧提供的一般都是以魚漿製成的「仿鰻魚苗」。

↑「Casa Urola」酒吧的好手藝主廚。這家酒吧在餐飲業界特別有人氣，畢爾包知名星級餐廳的主廚也在這天前來品嘗下酒菜。

←巴斯克的菇類不只牛肝菌！我在以菇類料理聞名的店家「GANBARA」點了烤野菇拼盤。沾生蛋黃品嘗帶有莫名的和風感。

←提供美味料理與美酒的店家「ITXAROPENA」的莫哈先生。他在聖塞巴斯提安經營好幾家酒吧。本店在 2019 年 6 月開幕。

↓竹籤小點的始祖「希爾達」（gilda）。串在竹籤上的橄欖與青辣椒帶有濃厚的酸味。任何一家酒吧都會提供，是巴斯克最具代表性的下酒菜。

↑類似豬肉煎蛋的料理，但只使用肥豬肉。原本以為會油膩，但吃起來意外清爽。酥脆的口感與恰到好處的鹹味，最適合搭配紅酒。

AYALA 的香檳最適合搭配辣味的香煎牛肝菌。這款酒由巴斯克人的後代釀造，據說也被畢爾包的足球隊（畢爾包競技）選為官方香檳。

←當季食材在吧台堆積如山。指著食材點餐，店家也能為你烹調成美味的料理。雖然青辣椒相對溫和，但偶爾也會很辣。前方的生牛肝菌只能在秋天採收，產季較短，屬於高級菇類，如果看到了一定要嘗嘗看！

↑巴斯克也有許多章魚料理。長時間燉煮生章魚製成的下酒菜，不僅滋味溫和，而且還驚人地軟嫩。

←半烤鮪魚下酒菜，雖然是日本人熟悉的生魚料理，但每一塊魚肉都大到驚人。最適合搭配清爽的查克利白酒與輕盈的紅酒。品嘗時撒上粗鹽調味。

←香煎坎塔布里亞海捕撈的藍蝦、細扁豆與牛肝菌。聖塞巴斯提安奉行地產地消的信條，有許多美味的下酒菜。

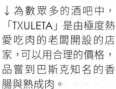

↓為數眾多的酒吧中，「TXULETA」是由極度熱愛吃肉的老闆開設的店家，可以用合理的價格，品嘗到巴斯克知名的香腸與熟成肉。

↑將坎塔布里亞海捕撈的片口沙丁魚裹覆蛋汁香煎而成。這天剛好片口沙丁魚大豐收才製作這道下酒菜，似乎不是隨時來都有。

很適合拍照的起司蘑菇與迷你牛排、奶油蟹肉塔、希爾達，搭配蘋果酒品嘗。雖然每道料理都兩口就吃完了，但全部連麵包一起吃下肚卻很飽。

生牛肉冷盤。沒有肉腥味，風味彷彿就像生火腿一樣，搭配核桃與半硬質的起司一起吃。與鯷魚風味的淋醬也非常搭，讓人忍不住啜飲一口又一口的紅酒。

將下酒菜界的女王香煎鵝肝擺在紅酒燉煮的牛頰肉上，是道濃郁的料理。能輕鬆品嘗高級食材也是酒吧的特權。

酒吧街幾乎所有的下酒菜都不到 3 歐元（約台幣 100 元），但牛肝菌真不愧是菇類貴族，一盤就要價 28 歐元！然而，牛肝菌是這個季節才品嘗得到的珍稀美食，因此就咬牙點下去。吃起來香氣濃郁、口感十足，是一道難以言喻的美味料理。

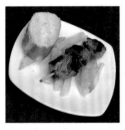

←熟成肉的竹籤小點雖然看起來簡單，吃起來卻是越嚼滋味越濃郁。不過配菜只有碳水化合物，這是巴斯克的特色嗎？

↓炸牡蠣。炸到香酥的牡蠣，搭配酪梨與蘆筍製成的奶油醬享用，是一道奢侈的料理。搭配的洋蔥由巴斯克的酒莊製作，使用甜葡萄酒使其焦糖化。

↑口感酥脆、鹽味略重的炸蝦，適合搭配啤酒或蘋果酒。這種零食風格的下酒菜，似乎不管幾個都吃得下。

聖塞巴提安是靠海的城市，因此海鮮也很豐富，經常可以看到魚類、章魚、墨魚的竹籤小點。串著鮪魚、鯷魚、橄欖的竹籤小點，以清爽且具有酸味的莎莎醬調味。

←巴斯克起司蛋糕的特徵是表面焦黑，內部呈現半生熟的濃稠狀態。幾乎所有拜訪聖塞巴斯提安的人都會品嘗這款起司蛋糕。

↓巴斯克起司蛋糕也是在日本掀起一大熱潮的便利商店甜點「BASCHEE」的原型。聖塞巴斯提安的酒吧街也有好幾家店提供這款甜點，但這家「La Vina」是老店。

小巧的甜點，剛好適合清味蕾。左邊是巧克力可頌捲，右邊則是巴斯克最具代表性的烘焙點心「巴斯克蛋糕」。巴斯克的旗子超可愛！

難得有機會，也順便品嘗巴斯克傳統料理「巴斯克薄餅」。吃起來和名稱給人的印象不同，餅皮是偏硬的扎實口感，裡面夾著生火腿與臘腸片，吃的時候淋上番茄醬汁品嘗。

（美食顧問）
山口純子

以美食為中心，
向全世界傳遞巴斯克的最新消息

1995 年移居西班牙。巴斯克美食俱樂部臉書專頁管理員。以聖塞巴斯提安為中心進行活動。除了在西班牙與日本的料理研討會擔任口譯人員、幫助電視雜誌安排採訪行程外，也策畫一般觀光客的美食之旅。除此之外，還為許多政府、企業的參訪及地區物產介紹等活動提供協助、策畫新潟市 X 畢爾包美食協定、QB 美乃滋的歐洲宣傳活動等。與菅原千代志合著《西班牙美·食之旅 巴斯克＆納瓦拉》（平凡社·暫譯）。
Facebook：www.facebook.com/basquebishokuclub
Instagram：june_yamaguchi

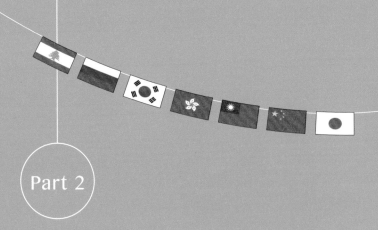

世界下酒菜圖鑑

有些下酒菜是在大航海時代之後，

融合了原住民與歐洲人的飲食文化所發展出來的料理，

有些則是能夠代表那塊土地的鄉土料理或傳統料理。

但全世界具有代表性的下酒菜都有一個共通點，

那就是它們一點也不特殊，並非只有愛好喝酒的人才能享用，

就連不喝酒的人也能美味品嘗。

雖然很多下酒菜料理都是為了搭配當地的酒而誕生的，

但卻創造出即使不敢喝酒的人也能享受的美食，相當不可思議。

接下來，就讓我們繼續探索現在世界各地正在被享用的下酒菜吧！

Part 2 就從法國開始。

法國

法國

　　法國同時擁有海洋型、大陸型與地中海型 3 種氣候,以生產大量的高品質麵粉、葡萄酒與起司聞名。法國料理透過高度的技術與洗鍊的口味,引領全球的餐飲界。就如大家所知,其代表性的菜色很多都來自鄉土料理。除了世界知名的普羅旺斯料理與巴斯克料理之外,隆格多克料理、諾曼地料理、勃根地料理也很有名。此外,豐富的醬汁也是法國料理的魅力。以魚、肉、蔬菜熬出高湯(fond),搭配煎肉時產生的肉汁(jus)製成基底,再加入奶油等乳製品增添濃稠度,就是基本醬汁。最適合搭配這些料理的,當然就是葡萄酒。義大利擁有世界第一的葡萄酒產量,西班牙擁有世界第一的葡萄栽培面積,但說到葡萄酒的品質,世界第一就是法國了。不過,啤酒的消費量最近也以年輕世代為中心逐漸增加。

法國

卡酥來砂鍋

Cassoulet

隆格多克地區的燉豆料理
燉煮 3 種肉與白腰豆

SHOP 國 meshiCuisineNaturelle

適合的酒
中等酒體的紅酒

主要食材
白腰豆、鴨、羔羊、香腸、洋蔥、大蒜、番茄泥

主要調味料
橄欖油、鹽、胡椒

紅酒

特徵

以鵝肝聞名的隆格多克地區的鄉土料理。基本上是白腰豆與肉類的燉煮料理，但即使在當地，不同的村鎮、家庭也會使用不同的肉類。因卡酥來砂鍋而出名的土魯斯地區，則會加入當地產的香腸、羊肩肉與油封鵝。

小知識

這道料理的名稱來自燉煮時使用的深陶鍋「cassole」。據說卡酥來砂鍋發源於 14 世紀開始的英法百年戰爭時期，村民在戰火當中，將所有剩下的食材放進深陶鍋裡燉煮招待士兵。搭配的紅酒不適合太厚重或太輕盈，請選擇平衡良好的中等酒體。

▮▮法國

豬肉抹醬
Pork Rillettes

以豬油燉煮豬肉的料理
抹在法棍麵包上品嘗豬肉原本的風味

国 meshiCuisineNaturelle

適合的酒	偏辣的白酒、雪莉酒
主要食材	豬五花、洋蔥、大蒜
主要調味料	鹽、紅酒、黑胡椒、百里香

白酒　雪莉酒

特徵

肉抹醬原本是在分切兔子或鴨時，為了不浪費骨邊肉，而創造出來的料理方法。將帶肉的骨頭以低溫的油長時間燉煮，就會骨肉分離，而燉煮的油則會使碎肉凝結成塊。不過現在一般都使用肉塊製作，不再用骨邊肉了。

小知識

在法棍麵包塗上厚厚一層抹醬是一般吃法。當地的餐酒館都會隨桌提供，不少店家都是無限量供應。雖然屬於肉類料理，但因為油脂豐富，所以比起紅酒，更推薦搭配入口清爽的偏辣白酒。

■■ 法國

巴斯克燉菜
Piperade

口味溫和的牛肉燉菜
巴斯克的傳統家庭料理

國 meshiCuisineNaturelle

適合的酒
醇厚的波爾多紅酒

主要食材
紅椒、青椒、番茄、洋蔥、
大蒜、牛腿肉

主要調味料
紅酒、橄欖油、鹽、胡椒

法國

紅酒

特徵

法屬巴斯克的傳統家庭料理。口味類似普羅
旺斯燉菜或西西里燉菜，但特徵是加了牛肉。
即使如此，還是能夠攝取大量蔬菜。可以直
接品嘗，也可當成義大利麵醬。非常適合搭
配雞蛋，因此或許也能包進歐姆蛋裡，或是
淋在歐姆蛋上面。

小知識

料理名源自巴斯克語的「piper」，意即辣椒。
據說原本也沒有加肉，而是一道將辣椒的辣
包裹進醇厚蛋汁當中的料理，但傳到法國全
國之後就開始加入肉類。滋味飽滿深厚，雖
然搭配啤酒或 Highball 也不錯，但搭配紅酒
更顯美味。

▇▇ 法國

布列塔尼魚湯
Cotriade

布列塔尼漁夫料理
白色的馬賽魚湯

🌐國 meshiCuisineNaturelle

適合的酒	微甜的白酒、香檳
主要食材	蝦、魚、墨魚、海瓜子、洋蔥、大蒜、牛奶、生奶油、義大利香芹
主要調味料	鹽、白酒、橄欖油、奶油

法國

白酒　香檳

💡 特徵

布列塔尼地區的鄉土料理，料理名稱是布列塔尼語「鍋子的內容物」的意思，也有人稱之為「白色的馬賽魚湯」。漁夫以當天漁獲燉煮而成類似火鍋的料理，原本是他們的伙食。各種海鮮煮出的湯頭複雜地融合在一起，滲出具有深度的鮮味。

🖊 小知識

布列塔尼超過葡萄可栽種緯度的最北界，已經無法種植葡萄，所以當地沒有生產葡萄酒。普羅旺斯料理的馬賽魚湯是番茄味，一般適合搭配香檳或白酒，當地認為有白色馬賽魚湯之稱的布列塔尼魚湯也一樣，這兩款酒與海鮮湯頭也非常搭配。

保加利亞

保加利亞料理的特徵和周邊巴爾幹半島諸國一樣，多數是絞肉料理、燉煮料理與使用「Sirene」羊奶起司與羊奶優格的料理。除了啤酒與紅酒，蒸餾酒「拉基亞酒」（Rakiya）也很受歡迎。

適合的酒
啤酒、白酒、威士忌、琴酒、蘭姆酒、伏特加、拉基亞酒

主要食材
優格、菲達起司、蛋、奶油、薄脆酥皮

主要調味料
鹽

保加利亞摺餅
Banitsa
保加利亞的經典早餐起司派
搭配優格與起司更美味

啤酒　　白酒　　威士忌

琴酒　蘭姆酒　伏特加　拉基亞酒

 特徵

保加利亞的國民美食，是經典的早餐或點心。做法是將擀薄的麵皮層層疊在一起並夾入起司，製成類似鹹派的料理。這道料理在當地口味繁多，有甜的，也有不甜的。餡料也有豐富的變化，肉、米、菠菜等都是受歡迎的下酒菜餡料。

 小知識

千層薄餅（burek，在麵粉製成的麵皮中，塞入肉與起司的料理）遍布整個巴爾幹半島的飲食文化圈，保加利亞摺餅也被視為其中一種。搭配拉基亞酒是保加利亞的風格。拉基亞酒是以杏桃、黑棗、梨子等多種水果為原料製成的蒸餾酒，保加利亞的國民酒。

★ 越南

越南料理深受曾是統治國的法國料理與中華料理影響，特徵是會使用魚醬，而且米粉類的料理也很多。啤酒的消費量是亞洲第 3 名，僅次於中國與日本。此外，葡萄酒、伏特加、以糯米為原料的蒸餾糯米酒「Nep Moi」也很受歡迎。

適合的酒
啤酒、白酒、伏特加、蒸餾糯米酒、燒酎、蘭姆酒、琴酒

主要食材
米紙、蝦、米粉、萵苣、小黃瓜、羅勒、芫荽、韭菜、辣椒醬

主要調味料
鹽、魚露

生春捲
Goi Cuon
薄皮透著小蝦的生春捲
全球知名的越南代表性料理

啤酒　白酒

伏特加　蒸餾糯米酒　燒酎　蘭姆酒　琴酒

 特徵

全球知名的越南料理之一，越南語「goi」是涼拌，「cuon」則是「捲」的意思。捲入的材料因地區與家庭、店家而異，基本上口味清淡，會沾著酸甜魚露享用。酸酸甜甜的微辣醬汁，賦予清淡的餡料衝擊性，突顯鮮蝦與米的甜味。

小知識

越南家庭一般會把米紙、餡料放在桌上，各自捲起品嘗。這時會喝啤酒、白酒（法國文化影響留下的飲用習慣）或蒸餾糯米酒 Nep Moi，這 3 種酒都與醬汁非常搭配。

秘魯

在沿海一帶發展起來的克里奧羅（Criollo）料理，受到原住民、西班牙殖民者、日本人與義大利人的影響。常喝的酒精飲料除了啤酒之外，以玉米為原料的奇恰酒（Chicha）也很受歡迎。

適合的酒
皮斯可酸酒（Pisco Sour）

主要食材
牛心、大蒜、洋蔥

主要調味料
鹽、黑薄荷

安地斯烤牛心
Anticuchos

牛心串燒
秘魯的傳統國民美食

🍷TORO TOKYO

皮斯可
酸酒

 特徵

西班牙語「anti」是安地斯，「cuchos」則是切絲的意思。做法是先將牛心醃漬調味，再以竹籤串起來燒烤。串燒烤肉是南美洲常見的料理，正統安地斯燒烤的醃料含有辣椒與大蒜，相當重口味。一口咬下時，牛心的滋味與肉汁一起在口中擴散。

小知識

如果想要搭配安地斯烤牛心，推薦皮斯可酸酒。皮斯可是秘魯自豪的葡萄蒸餾酒，喝起來清爽無雜味，但酒精濃度高達40度以上。而皮斯可酸酒是在皮斯可中加入檸檬汁、蛋白、糖漿、苦精的國民調酒，檸檬水般地口感相當受歡迎。

比利時

特徵是受到法國料理的強烈影響，薯條與薯泥等法國料理的配菜以主食之姿稱霸。滿 16 歲即可喝啤酒與紅酒，蒸餾酒則要滿 18 歲。啤酒具有壓倒性的人氣。

適合的酒
啤酒、白酒、燒酎、威士忌、琴酒、伏特加、蘭姆酒

主要食材
馬鈴薯

主要調味料
鹽

薯條
Frites

比利時 style 炸薯條
啤酒之國
選中的下酒菜

啤酒　　白酒　　燒酎

威士忌　琴酒　伏特加　蘭姆酒

🔆 特徵

油炸切細的馬鈴薯，簡而言之就是炸薯條。比利時的基本沾醬是美乃滋，其他受歡迎的還有番茄醬、混醬（番茄醬＆美乃滋）、塔塔醬、咖哩等等。特徵是會再回炸，有著外酥內軟的口感。

🎓 小知識

比利時是薯條的發源地，起源眾說紛紜，最有力的說法是誕生於比利時南部的那慕爾，不過也有許多反駁的說法，因此沒有明確答案。1861 年出版的書籍中就記載了薯條的做法，這已經證明是世界最古老的記述。

葡萄牙

葡萄牙料理經常使用多種海鮮，尤其鱈魚乾料理特別知名。肉類則以豬肉與牛肉為主。酒精飲料方面，最受歡迎的是啤酒與葡萄酒，而以甜味為特徵的波特酒（Port）與馬德拉酒（Madeira），也是世界知名。

適合的酒
啤酒、白酒、燒酎

主要食材
鱈魚乾、馬鈴薯、蛋、洋蔥、麵粉、麵包粉

主要調味料
肉豆蔻

炸鱈魚餅
Pataniscas de Bacalhau

炸鱈魚乾的可樂餅
葡萄牙的傳統料理之一

啤酒　　白酒　　燒酎

特徵

這道料理的做法是將鱈魚乾泡發之後剝成魚鬆狀，混入馬鈴薯製成的可樂餅泥中油炸。鱈魚乾是歷史悠久的保存食品，雖然泡發有點費工，但乾貨獨特的鮮甜味卻是生鱈魚所沒有的，而鱈魚乾的鮮甜與口感正是這道料理的關鍵，連馬鈴薯也變得更美味。

小知識

雖然這道料理適合搭配啤酒，但如果想要搭配葡萄酒，則推薦高 CP 值的波特酒。葡萄牙有超過 250 種的葡萄固有品種，因此葡萄酒的特徵就是個性豐富。尤其紅酒據說是全球最高水準，而白酒在國際上的評價也逐漸提升。

墨西哥

墨西哥的飲食文化擁有 7,000 年的歷史，融合了印加民族與馬雅民族等原住民的飲食文化，與殖民國西班牙的飲食文化，因此獲得高度評價，在 2010 年被聯合國教科文組織列為無形文化資產。而說到墨西哥料理不可或缺的食材，就是玉米、豆類與辣椒了。墨西哥擁有廣大的國土，因此氣候因地區而異，每個地區種植的辣椒種類也各不相同，大約有 100 個品種。既有超辣的辣椒，也有突顯醇厚滋味用的辣椒。至於代表墨西哥的酒就是龍舌蘭了（以龍舌蘭這種植物為原料的蒸餾酒）。龍舌蘭與萊姆非常搭配，因此邊啃萊姆邊純飲龍舌蘭是當地固定的喝法。除此之外，啤酒也很受歡迎，除了在墨西哥市占率第一的特卡特（Tecate）之外，可樂娜（Corona）與 XX Bitter 等也是當地人常喝的品牌。

🇲🇽 墨西哥

塔可餅
Tacos

墨西哥的國民美食
以玉米餅夾著餡料吃

◉ TORO TOKYO

適合的酒
啤酒、泡盛

主要食材
藍玉米粉、玉米粉、軟殼蟹、
燉煮牛筋、番茄、洋蔥

主要調味料
橄欖油、鹽、胡椒鹽

啤酒　泡盛

💡 **特徵**

墨西哥的國民美食。以玉米餅（Tortilla，墨西哥人的主食，類似薄餅）夾著各式各樣的餡料品嘗。可以用手拿著吃，夾什麼餡料都OK。餡料主要有肉類、海鮮、蔬菜與菇類，除了餡料之外，調味也能展現地區特色。在當地酒吧是經典下酒菜。

🎓 **小知識**

塔可餅擁有 6,000 年的歷史。最早發源自墨西哥中央高原，當地原住民以玉米餅夾著扁豆或辣椒吃。如果想要搭配啤酒，推薦苦味深厚的黑啤酒，或是以啤酒花的香味與醇厚口感為特徵的艾爾啤酒。

🇲🇽 墨西哥

墨西哥

酪梨醬
Guacamole
酪梨製成的抹醬
可沾玉米片享用

🍽 TORO TOKYO

適合的酒
瑪格麗特調酒、龍舌蘭、啤酒、
Highball

主要食材
酪梨、洋蔥、番茄、芫荽、
墨西哥辣椒

主要調味料
鹽、萊姆汁

瑪格麗特　龍舌蘭　啤酒　Highball
調酒

💡 特徵

酪梨醬是以酪梨為主體的莎莎醬。製作方式是將酪梨、番茄、洋蔥、萊姆汁與辣椒等用調理機打在一起。主角是酪梨，所以呈現綠色，可以品嘗酪梨本身的味道。適合搭配玉米片（油炸玉米餅製成的脆片）。

🎓 小知識

「salsa」是西班牙語「醬料」的意思，而酪梨醬也屬於「莎莎」的一種，一般做為抹醬食用。適合搭配酪梨醬的經典酒精飲料之一就是瑪格莉特調酒。這是一種以龍舌蘭為基底的調酒，最傳統的喝法是杯緣沾上一圈鹽（鹽口杯），並以現榨萊姆汁或檸檬汁調配。

墨西哥

炸豬皮
Chicharron

炸豬皮脆餅
墨西哥人的療癒美食

 TORO TOKYO

適合的酒
可樂娜啤酒、卡特卡啤酒、
美樂淡啤酒、Orion 啤酒

主要食材
豬皮、莎莎醬（番茄、洋蔥、
墨西哥辣椒、芫荽）

主要調味料
鹽、萊姆汁

墨西哥

啤酒

特徵

將豬皮風乾油炸，即可當成下酒菜或零食享用。在當地就像是媽媽的味道，一般會搭配莎莎醬或是起司品嘗。吃起來沒有想像中油膩，幾乎沒有糖分，充滿了膠原蛋白，是一道美膚下酒菜。

小知識

過去為了取得料理用的動物油脂，而將豬的脂肪加熱萃取出豬油，副產品就是油炸豬皮。這道料理的起源就是將副產品的豬皮拿來食用，非常適合搭配啤酒。將萊姆丁塞進啤酒瓶中調成的清爽啤酒在墨西哥很受歡迎，適合搭配辛辣的料理。

墨西哥

巧克力雞
Pollo en Mole

墨西哥知名的辣味巧克力醬
帶來衝擊性的滋味

 TORO TOKYO

適合的酒
紅酒、拉塞托紅酒、白蘭地

主要食材
雞胸肉、巧克力、巴西莓

主要調味料
丁香、西洋茴香、芝麻、肉桂、
辣椒、鹽

紅酒　拉塞托　白蘭地
　　　　紅酒

特徵

淋上大量墨西哥知名巧克力醬的雞肉料理。
這款淋醬口味香辣，非常適合搭配雞肉，幾
乎讓人想不到是由巧克力製成的。入口時會
先感受到明顯的辣椒刺激味，而後才是微微
的甜味。簡而言之就是辣味巧克力醬雞肉。

小知識

西班牙語的「mole」是醬，「pollo」是雞肉。
巧克力在成為大家熟知的甜點之前，就已經
使用於料理當中。巧克力雞適合搭配拉塞托
莊園（L.A. Cetto）產的墨西哥紅酒，特徵
是柔和的果實味與芳香，以及醇厚的口味，
其醇厚很搭滋味濃厚的辣味巧克力醬。

🇲🇽 墨西哥

核桃醬辣椒鑲肉
Chiles en Nogada

辣椒鑲肉裹上麵衣油炸
再淋上核桃醬

⊙ TORO TOKYO

適合的酒
香檳、龍舌蘭 Soda、琴湯尼

主要食材
辣椒、絞肉、果乾、核桃、
石榴、鮮奶油

主要調味料
鹽、辣椒、雞高湯

香檳　龍舌蘭　琴湯尼
　　　Soda

💡 特徵

這道料理的做法是將絞肉與果乾、堅果充分混合之後塞進辣椒裡，裹上以啤酒與麵粉調成的麵衣油炸，再搭配醇厚的奶油狀核桃醬汁。核桃與石榴是這道料理的關鍵。墨西哥經常在石榴大量盛產的獨立紀念日前後數週享用。

🖊 小知識

西班牙語的「chiles」指辣椒，「nogada」指的則是核桃樹。辣椒的綠、醬汁的白與石榴的紅剛好就是墨西哥國旗的顏色。這道料理非常適合搭配兌氣泡水的墨西哥國民酒龍舌蘭。氣泡水能夠增加爽快感，龍舌蘭的味道則能突顯隱藏在辣味當中的甜味與濃醇。

蒙古

蒙古料理大致可分為當地稱為「紅色食物」的肉類料理（以羊肉為主），以及「白色食物」的乳製品。由於氣候嚴寒，因此蒙古伏特加（Arkhi）與馬奶酒（Airag）比啤酒受歡迎。

適合的酒
啤酒、燒酎、威士忌、蒙古伏特加

主要食材
絞肉、洋蔥、大蒜、麵粉

主要調味料
鹽

絞肉盒子
khuushuur

蒙古炸餃子
「紅色食物」的代表

蒙古

啤酒　　燒酎　　威士忌　蒙古
　　　　　　　　　　　　伏特加

💡 特徵

絞肉盒子是以麵粉揉成的皮，包住絞肉與蔬菜再油炸而成的料理，看起來很像大顆的炸餃子。主要在冬季品嘗，是「紅色食物」的代表，既是蒙古人喜愛的國民美食，也是下酒菜，堪稱蒙古料理之王。當地一般使用羊肉製作。

🖋 小知識

蒙古料理深受前蘇聯與中國的飲食文化影響，「盒子」這種調理方式也是來自中國，後來發展成蒙古獨特的樣貌。絞肉盒子非常適合搭配蒙古當地生產的伏特加，這種蒸餾酒的技術則來自前蘇聯。

羅馬尼亞

與巴爾幹半島其他國家相比，羅馬尼亞料理受土耳其料理的影響較小，最具代表性的就是高麗菜捲。在酒精飲料方面，最常喝的是啤酒，其次是葡萄酒。歐盟認證的傳統蒸餾酒李子白蘭地（Tuica）也很受歡迎。

適合的酒
啤酒、紅酒、李子白蘭地、燒酎、伏特加、蘭姆酒、琴酒

主要食材
絞肉、酸高麗菜、洋蔥、番茄、高湯、麵粉、蒔蘿、百里香、紅椒

主要調味料
鹽、胡椒

高麗菜捲
Sarmale

羅馬尼亞風味的高麗菜捲
以酸高麗菜捲起餡料燉煮

啤酒　紅酒　李子白蘭地　燒酎　伏特加　蘭姆酒　琴酒

 特徵

這是一道以酸高麗菜捲起餡料的料理，發源自土耳其帝國，特徵可說是恰到好處的酸味。餡料因家庭而異，近年來在當地最受歡迎的是豬肉的粗絞肉與米飯。適度的酸味帶來刺激性，能夠調和餡料的口味。

小知識

高麗菜捲的原型是西元 1 世紀左右的小亞細亞（土耳其）料理「卓瑪」（dolma），後來傳入歐洲，在羅馬尼亞發展成酸高麗菜捲。當地通常搭配李子白蘭地（以李子為原料的羅馬尼亞產蒸餾酒）品嘗。

黎巴嫩

黎巴嫩料理的特徵是大量使用蔬菜、香草與橄欖油。雖然伊斯蘭教徒多，但喝酒的人相對來說也不少，啤酒以及果實等原料釀造的蒸餾酒「阿拉克酒」（Arak）最受歡迎。

適合的酒
啤酒、粉紅酒、阿拉克酒、燒酎、威士忌、伏特加、蘭姆酒、琴酒

主要食材
北非小米、鷹嘴豆、香芹、檸檬汁、洋蔥、番茄、橄欖油

主要調味料
鹽

塔布勒沙拉
Tabbouleh

黎巴嫩料理的繽紛前菜
北非小米與香芹的沙拉

黎巴嫩

啤酒　粉紅酒　阿拉克酒　燒酎　威士忌　伏特加　蘭姆酒　琴酒

 特徵

塔布勒沙拉是黎巴嫩料理的代表前菜。特徵是使用了北非小米、鷹嘴豆與香芹。切碎的香芹，量多到令人驚訝，但也因此能夠享用清爽風味。一般會夾在皮塔餅中品嘗。

小知識

法國也有一道同樣叫做「塔布勒沙拉」的料理，據說這道料理就是從中近東傳入法國的。大量的香芹與北非小米受到法國人的喜愛，而法國人品嘗使用北非小米的料理時通常會搭配紅酒，尤其適合搭配粉紅酒。

■■■ 俄羅斯

以農民料理為基礎，並在領土擴大的過程中，隨著各國文化的加入而發展成熟。例如羅宋湯、油炸包（Pirozhki）與受法國料理影響的酸奶燉牛肉等。酒類以伏特加為主，其他還有啤酒、葡萄酒與干邑白蘭地等。

適合的酒
啤酒、伏特加、紅酒、燒酎、蘭姆酒

主要食材
甜菜根、醃漬鯡魚、馬鈴薯、蛋、蒔蘿、酸黃瓜、酸奶油

主要調味料
鹽、胡椒、美乃滋

俄羅斯紅沙拉
Dressed herring
鮮豔紅紫色的甜菜根料理傑作
又名皮毛大衣下的鯡魚沙拉

啤酒　伏特加　紅酒　燒酎　蘭姆酒

特徵

烏克蘭地區的代表性甜菜根料理。層層堆疊的是水煮甜菜根、馬鈴薯泥、切塊的水煮蛋與酸黃瓜、切碎的鯡魚。甜菜根與醃漬鯡魚的鮮甜味在美乃滋的風味中擁有強烈的存在感，是一道非常適合當成下酒菜的料理。

小知識

這道料理的俄羅斯名稱是「皮毛大衣下的鯡魚」，「毛皮大衣」這樣的命名很有俄羅斯風情。除了搭配啤酒之外，也很推薦搭配伏特加。伏特加是以大麥、小麥、馬鈴薯等為原料的蒸餾酒，特徵是沒什麼特殊的味道，可說是象徵俄羅斯的國民酒。

 韓國

韓國料理的特徵是湯品種類豐富，而且許多料理都會使用辣椒。拌飯、烤牛肉、烤豬五花、辣炒春雞等也是日本人常吃的料理。泡菜是國民美食，酒類則以啤酒、燒酒為主，此外還有馬格利、百歲酒與炸彈酒等。

適合的酒
啤酒、燒酒、馬格利、紅酒、伏特加

主要食材
雞肉、起司、高麗菜、洋蔥

主要調味料
醬油、味醂、砂糖、紅辣椒醬

韓國

起司辣炒春雞
Cheese Dak-galbi
裹覆起司的春川鄉土料理
在東京的新大久保爆紅

啤酒　　燒酎　馬格利　紅酒　伏特加

 特徵

韓文名稱中的「dak」是雞，「galbi」則是肋骨的意思。在春川市的鄉土料理辣炒春雞（雞肉炒紅辣椒醬）上面放起司，使其融化裹覆雞肉。這道料理在日本東京的韓國街新大久保爆紅，成為人氣料理。

 小知識

據說辣炒春雞起源於 1960 年，春川有一位金先生以烤雞肉的名稱販賣這道料理。起司成為流行配料則是 2010 年左右的事情。起司辣炒春雞在 2016 年在日本年輕人之間大流行，後來從新大久保傳到全日本。

🇰🇷 韓國

韓式涼拌菜
Namul

麻油涼拌蔬菜與山菜
韓國家庭料理的經典常備菜

適合的酒
啤酒、燒酒、馬格利、日本酒

主要食材
豆芽菜、菠菜、白菜、白蘿蔔、
紅蘿蔔、芝麻醬、大蒜

主要調味料
麻油、鹽、醬油、砂糖、辣椒

啤酒　　燒酎　　馬格利　日本酒

💡 特徵

韓國傳統料理，是家庭料理的基礎，甚至還
有人說「只要看涼拌菜的口味，就能知道妻
子的料理手藝」。基本做法是將蔬菜或山菜
等用鹽水燙過，再加入調味料與麻油涼拌。
食材隨著地區與季節而改變，大豆、豆芽菜、
菠菜、蕨類都是經典的食材。

🎓 小知識

涼拌菜可當成配菜，也可當成下酒菜，屬於
保存期限長的常備菜。幾乎適合所有的酒類，
但夏天炎熱的日子推薦搭配冰涼的馬格利
（以米為主原料的傳統酒），這款酒具有米
的甜味、發酵後清爽的酸味，以及增添爽快
感的碳酸氣泡，保證讓涼拌菜一口接一口。

🌺 香港

香港外食產業發達，可以品嘗到世界各地的料理。餐廳約 8 成是廣東料理，也有不少店家提供餐酒搭配。酒吧等常喝的是啤酒，在年長者之間受歡迎的則是紅酒。

適合的酒
清新感的粉紅酒、
富含果香且鮮活的白酒

主要食材
茄子、蝦米、紅椒、芹菜、薑

主要調味料
鹽、五香粉、七味粉

魚香脆茄子
香港風味炸茄子
五香粉的香氣撲鼻而上

🔘 Dragon Bar

香港

粉紅酒　白酒

 特徵

茄子裹上特製的香料油炸，外層酥脆，裡層濕潤。香料的味道相當具有特色，尤其五香粉的香味更是撲鼻而上。只用鹽調味而已，相當簡單。茄子應該吸了很多油，吃起來卻意外地清爽，非常不可思議。

 小知識

這是一道享用炸茄子的香氣與口感的料理，因此適合搭配輕盈的酒。推薦有著清新感的粉紅酒，或是富含果香的白酒。雖然是家庭常吃的料理，但也是當地餐廳必定提供的經典下酒菜。

🏵 香港

XO 醬香腸炒青菜

XO 醬與蠔油醇厚的味道
突顯出香腸的甜味與辣味

適合的酒
顏色深且具有莓果感且滋味濃縮
的粉紅酒、稍微冰鎮的輕盈紅酒
（使用嘉美葡萄或卡本內弗朗葡萄
釀造的紅酒）

主要食材
香腸、青菜、鴻喜菇、紅椒、
大蒜、薑

主要調味料
XO 醬、醬油、蠔油、麻油

粉紅酒　白酒

香港

💡 特徵

這道料理可以感受到香腸的甜與辣，以及
XO 醬的厚度與深度。青菜的清脆口感也非
常棒。雖然香腸經常是燙過之後就直接吃，
但炒過之後很適合搭配葡萄酒。炒青菜一般
會搭配蝦米，但在香港也經常搭配香腸。

🎓 小知識

港式香腸比較接近臘腸，特徵是擁有獨特的
香味與甜味。一般會先燙過之後再切成薄片
品嘗，但炒過之後香味與甜味都能更上一層
樓。為了突顯辣味、甜味與誘人的香氣，選
擇搭配紅酒與粉紅酒。

台灣

台灣料理以中國福建的料理為基礎，並受日本統治的影響，發展成獨自的樣貌。夏季漫長的台灣，最受歡迎的當然是啤酒。其次是濃烈的蒸餾酒「高粱酒」。

適合的酒
酸味扎實的白酒、
有濃縮礦物感的白酒

主要食材
茄子、蝦米、紅椒、芹菜、薑吻仔魚、綜合堅果、秋葵、彩椒、紫洋蔥、芹菜、蔥

主要調味料
鹽、麻油

台灣

吻仔魚炒蔬菜與堅果
將本地產吻仔魚與花生拌炒在一起的傳統料理

 Dragon Bar

白酒

 特徵

台灣經常可以看到將蔥、花生與吻仔魚拌炒在一起的料理，而最近也越來越常使用其他各種不同的食材，讓料理產生更豐富的變化。這道料理的特徵是綜合堅果、秋葵與紫洋蔥。綜合堅果與蔬菜的結合相當新穎，口感也很有趣，非常適合搭配白酒。

小知識

這道料理的基礎是傳統的台灣熱炒「吻仔魚炒花生」。花生是台灣的名產，也經常使用於料理當中。雖然本料理的所有食材都適合搭配白酒，但比起果香豐富的偏甜白酒，帶點刺激感的偏辣白酒更能襯托堅果的甜味。

🇹🇼 台灣

小籠包
在台灣發展出獨特樣貌的
知名鮮肉湯包

適合的酒
木桶熟成的醇厚白酒、
中重酒體的紅酒

主要食材
豬絞肉、雞湯凍、高筋麵粉、
全麥麵粉

主要調味料
鹽、醬油、薑

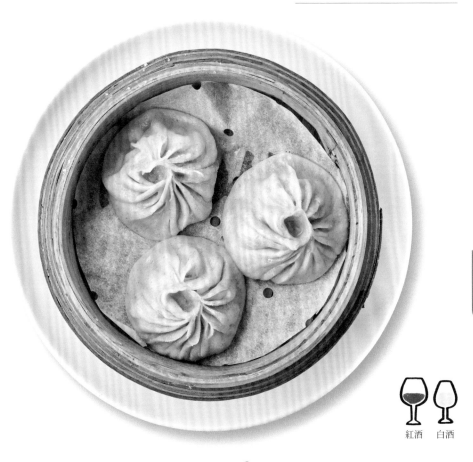

紅酒　白酒

💡 特徵

特徵是濃厚的肉餡與 Q 彈的麵皮，趁熱吃可以品嘗爆漿湯頭。吃的時候搭配醋與薑絲。雞湯凍是關鍵，藉由蒸煮使雞湯凍融化，形成小籠包獨特的爆漿內餡。被內餡湯汁燙傷的人也不少，因此吃的時候必須小心。

🎓 小知識

小籠包發源自中國上海，原本應該屬於上海料理，但傳到台灣之後，外皮變得更薄、湯汁變得更多，有了進一步的進化。台灣有包含「鼎泰豐」在內的世界級小籠包名店，因此也將小籠包列為台灣料理。

中國

中華料理具有豐富多樣的技法與變化多端的滋味，是世界三大料理之一。宴會中飲用當地稱為「白酒」的高粱酒和以玉米為原料的蒸餾酒。至於在中國銷量最高的啤酒則是青島啤酒。

適合的酒
莓果感扎實的粉紅酒，輕中酒體的紅酒

主要食材
雞肉

主要調味料
醬油、砂糖、香料、中國酒、日本酒、紅酒

中國

醬油雞
北京料理中的醬油滷雞肉
雞肉先醃再滷

Dragon Bar

粉紅酒　　紅酒

特徵

先將雞肉醃 2～3 天，待入味之後再加入滷汁燉煮。滷汁中有濃厚的肉桂與八角等獨特的香料味，形成北京料理纖細而複雜的特有滋味。醬油基底的調味，不僅適合當成下酒菜，也很適合配飯。

小知識

廣東也有同名料理，但兩者不同，香港則稱為燒味。一般認為，這道料理在北京料理被確立為宮廷料理的元朝就已經存在，清朝被推翻後，御廚離開北京，將這道料理傳到各地，這時也傳到了廣東與香港一帶。

中國

辣椒牛肉絲

融合甜麵醬的甜香
與辣椒辛辣感的炒牛肉

（Dragon Bar）

適合的酒
兼具深度與澀味的喬治亞橘酒、
強而有力的偏辣紅酒

主要食材
牛肉、大蒜、辣椒、香菇、青椒、
紅椒、櫛瓜、芹菜

主要調味料
甜麵醬、醬油、蠔油、麻油、
豆瓣醬

喬治亞橘酒　　紅酒

特徵

炒牛肉絲，特徵是牛肉與裹附在蔬菜上的甜麵醬的甜味與香氣，以及與之成對比的拌炒紅辣椒的辣味。辣椒的辣突顯了甜麵醬的甜，這種帶有辛辣感的醇厚甜味，非常適合配酒。

 小知識

甜麵醬是這道料理的重點，特徵是來自小麥的自然甜味與醇厚。與辣椒融合在一起之後，辣度變得圓融，更容易感受鮮甜。適合上述葡萄酒的理由也幾乎相同。之所以選擇偏辣的紅酒，就是因為能夠緩和辣度。

 日本

日本料理重視食材原本的滋味與季節感，被聯合國教科文組織列為無形文化資產，高湯的鮮味也是其中一項特徵。基本菜色是三菜一湯。啤酒的消費量是全球第2，除了燒酎與日本酒之外，Highball 也很受歡迎。

適合的酒
啤酒、燒酎、日本酒、威士忌

主要食材
雞肉與內臟

主要調味料
鹽

烤雞肉串
燒き鳥

日本人下意識想要吃的
經典下酒菜
醬燒、鹽燒隨自己喜好

啤酒　燒酎　日本酒　威士忌

日本

特徵

這道料理的做法是以竹籤串起雞肉（包含內臟與絞肉）燒烤，是庶民熟悉的滋味。特徵是有2種口味，分別是只在燒烤前撒鹽的「鹽燒」，與先沾甜鹹醬汁再燒烤的「醬燒」，可以選擇自己喜歡的口味。吃的時候也可以搭配辣味噌或辣椒粉。

小知識

日本從古代就開始吃鳥類，但像這樣以竹籤串起吃是江戶時代的事情，據說當時吃的是麻雀與雉雞。到了明治時代，路上開始能夠看見烤雞肉串的攤販。1955年左右，肉雞登場之後，烤雞肉串一口氣變得大眾化，成為普遍的料理。

● 日本

竹筴魚泥
アジのなめろう
竹筴魚與味噌及佐料剁成泥
日本代表性的典型漁夫料理

適合的酒
啤酒、日本酒、白酒、蘭姆酒

主要食材
竹筴魚、蔥、紫蘇、薑、茗荷

主要調味料
味噌、日本酒

日本

啤酒　日本酒　白酒　蘭姆酒

💡 特徵

做法是先將竹筴魚剖成三片，加上調味用的味噌、日本酒與蔥、紫蘇、茗荷等，直接以菜刀在砧板上剁出黏性，是一道以新鮮、豪邁、迅速為賣點的典型漁夫料理。有些地區除了竹筴魚之外，也會使用青魚。

🎓 小知識

發源自千葉縣房總半島的漁夫料理，之所以使用味噌而非醬油，是因為即使漁船搖晃，味噌也不會灑出來。料理日文名稱取「舔、嘗」（nameru）的諧音，有一說是好吃到想把盤子舔乾淨，也有人說來自表現舌頭觸感滑順的「嘗」的變音。

● 日本

燉煮牛雜
モツ煮込み

酒鬼的冬季經典下酒菜
關鍵在於牛雜的柔軟與鮮甜

適合的酒
啤酒、日本酒、燒酎

主要食材
內臟、蒟蒻、蔥、薑

主要調味料
醬油、味噌

日本

啤酒　日本酒　燒酎

💡 特徵

做法是先將豬肉燙過，將牛小腸與薑一起煮到沒有臭味，再加入紅蘿蔔、白蘿蔔、牛蒡等根莖類蔬菜與蒟蒻、豆腐等食材，最後以醬油及味噌調味。但食材、口味因時期與地區而異，一般在裝盤時，會再加入可以除臭的大蔥。

🖊 小知識

牛雜的名稱來自「臟物」（zoumotsu）的「物」。日本從 7 世紀左右就開始吃臟物，當時的吃法是用鹽醃漬。燉煮牛雜則源自於明治時代，最早是以竹籤串著，放進醬油與味噌調成的滷汁燉煮。到了明治中期，攤販與專賣店也增加，戰後就成了經典下酒菜。

● 日本

關東煮
おでん

日本代表性的清爽燉煮料理
食材吸附了湯頭的味道

適合的酒
啤酒、日本酒、燒酎

主要食材
白蘿蔔、魚板、竹輪、油豆腐、
水煮蛋、蒟蒻絲、蒟蒻塊、
馬鈴薯、炸豆腐丸子、牛筋

主要調味料
醬油、鹽

日本

啤酒　日本酒　燒酎

💡 特徵

關東煮一般使用柴魚片與昆布萃取出的湯頭
與醬油等調味，並加入白蘿蔔、魚板、竹輪
等材料燉煮。其起源是豆腐料理「田樂」，
後來被稱為「黑輪」（oden）。現在的形態
發祥於關東，因此傳到關西後就被稱為「關
東煮」。

🎓 小知識

關於關東煮登場的時期有兩種說法，一種認
為，醬油口味的燉煮關東煮在江戶後期就已
經出現，另一種則認為這種湯湯水水的關東
煮要到明治時期才登場。無論如何，關東煮
在大正時期（20 世紀初）傳到關西之後發展
成新的形態，而後重新傳回關東直到今天。

異國風下酒菜

接下來要介紹融合了許多國家與地區的飲食文化要素，無法歸類到特定飲食文化圈的下酒菜，或是現在已經登上世界級料理寶座的下酒菜。飲食文化的多樣性、複雜性、開放性可以說全部都展現在這小小的一盤下酒菜當中也不為過。

適合的酒
啤酒、白酒、Highball、白蘭地、燒酎

主要食材
紅黃椒、茄子、櫛瓜、洋蔥、番茄、大蒜

主要調味料
特調綜合香料、橄欖油

普羅旺斯燉菜
燉煮夏季蔬菜的料理
世界公認的尼斯名菜

 Moyan Curry

異國風下酒菜

啤酒　　白酒　Highball　白蘭地　燒酎

特徵

普羅旺斯燉菜是一道燉煮夏季蔬菜的料理，原本是尼斯（南法普羅旺斯）的鄉土料理，但食譜已經流傳到世界各地。做法是先將夏季蔬菜用大蒜、橄欖油炒過，再加入番茄、香草與白酒燉煮。蔬菜釋放出的甜味，溶入番茄基底當中，融合成溫和的口味。

小知識

在可取得櫛瓜的義大利周邊西歐各國、地中海沿岸的非洲各國、北美洲、中南美洲、東亞、大洋洲等廣泛地區，都會製作這道料理。雖然基本上適合搭配冰涼的啤酒與白酒，但與各國的酒類都能搭配也是其魅力，據說不管搭什麼酒都很美味。

異國風下酒菜

炙烤鴨肉
使用鹽漬生鴨肉製成
炙烤鴨肉生火腿

 Moyan Curry

適合的酒
啤酒、日本酒、燒酎、紅酒

主要食材
鴨、蔥、鹽、油

主要調味料
黑胡椒

啤酒　日本酒　燒酎　紅酒

 特徵

先將生鴨肉用鹽醃漬，不久後將鹽去除，放在冷藏庫裡熟成。吃的時候只炙烤表面。這是一道非常費工的料理，因此入口的瞬間，滿嘴都是鴨的野趣與鮮甜，讓人忍不住將手伸向酒杯。口感彷彿就像生火腿。大蒜醬油與蔥花醬，能夠突顯鴨肉的鮮甜。

小知識

許多國家都有吃鴨肉的習慣，也經常將鴨肉煙燻（煙燻鴨肉就是知名料理）或製成生火腿。而生火腿在歐洲的法國、義大利、西班牙，以及亞洲的日本與中國等地都能看到。具有野趣風味的鴨肉，非常適合搭配釀造酒（啤酒、紅酒、日本酒等）。

133

異國風下酒菜

咖哩雞
雞肉與馬鈴薯熬煮的咖哩
材料小塊容易入口

適合的酒
啤酒、燒酎、威士忌、Highball、
蘭姆酒、龍舌蘭

主要食材
雞腿肉、馬鈴薯、洋蔥、大蒜、薑

主要調味料
咖哩粉、薑黃、印度香料、
孜然、芥末

啤酒　燒酎　威士忌　Highball　蘭姆酒　龍舌蘭

💡 特徵
這是一道溫和易入口的咖哩，因此也很適合
當成下酒菜。洋蔥的量較少，馬鈴薯與雞肉
切成小塊，先炒過再燉煮。材料容易熟，因
此調理時間相對較短。香料調配雖然類似印
度咖哩，但比較沒有那麼辣。

🎓 小知識
這是一道咖哩風味的馬鈴薯燉雞肉，在紐西
蘭、澳洲、英國、德國、印度、巴基斯坦等
許多國家都能看到類似的料理，各國的口味
多少有點不同。可以搭配麵包或白飯一起吃，
也可以當成啤酒等酒精飲料的下酒菜。

異國風下酒菜

咖哩炒牛肉

檸檬草香氣濃郁的
咖哩炒牛肉

適合的酒
啤酒、燒酎、日本酒、威士忌、
Highball

主要食材
牛肉、馬鈴薯、大蒜

主要調味料
檸檬草、清檸葉、咖哩粉、魚露

啤酒　　燒酎　　日本酒　威士忌　Highball

特徵

這是一道寮國的咖哩拌炒料理，受到泰國料理的影響強烈，特徵是以魚露調味。檸檬草的香氣，賦予這道簡單的咖哩拌炒料理清爽的氣息。雖然香料味重，卻口味溫和，沒有那麼辣。在當地雖然是家常菜，但也可當成下酒菜。

小知識

這道料理的原型是寮國的代表性咖哩，不過在鄰近的泰國、緬甸、柬埔寨、越南（使用越南魚露）等許多國家，都能看到同樣的料理。香料味雖重，卻幾乎完全不辣，適合搭配啤酒到烈酒等各式各樣的酒。當地一般搭配啤酒。

異國風下酒菜

紅蘿蔔絲沙拉
紅蘿蔔絲沙拉
濃郁的孜然香促進食慾

🔴 Kemuri Curry

適合的酒
啤酒、燒酎、威士忌、Highball

主要食材
紅蘿蔔、葡萄乾、紫蘇

主要調味料
孜然、黑胡椒

啤酒　燒酎　Highball　威士忌

💡 特徵

這道紅蘿蔔沙拉的關鍵是爽脆的口感與孜然的濃郁香氣。孜然的香與紫蘇的酸不僅刺激食慾，也很下酒。不管當前菜還是當下酒菜都幾乎完美。有時將柔軟的葡萄乾放入口中混和，其甜味也有畫龍點睛的效果。

🎓 小知識

法文名稱為「carottes rapee」，「rapee」是磨泥的意思，但 carottes rapee 並沒有將紅蘿蔔磨泥，而是切絲。不只可當成沙拉，也是三明治或開放式三明治的常見配料，此外還能拿來包生春捲或做便當菜，在各種場合都能發揮作用。

異國風下酒菜

酪梨起司腐皮蝦捲
外皮像酥脆的零食
內餡則由酪梨帶來柔滑的新口感

 Dragon Bar

適合的酒
清爽又新鮮的白酒

主要食材
蝦、酪梨、起司、腐皮、薑、
芹菜、紫蘇

主要調味料
鹽

白酒

 特徵

為了讓中華料理中的腐皮蝦捲搭配白酒，而將其結合全熟酪梨與起司所研發出來的新菜色。重點在於將檸檬汁擠進幾乎用手就能捏碎的全熟酪梨中，展現鮮豔的色澤。炸腐皮的酥脆感與餡料的柔滑，最適合搭配白酒。

 小知識

豆皮是將豆漿放入鍋中，以小火加熱後在表面形成的薄膜。現在雖然是京都的知名料理，但其實誕生在中國，相傳在鎌倉時代後期（約13～14世紀），由僧侶將豆皮從中國帶回日本。油炸使用的主要是乾豆皮，先用水泡發之後再調理。

異國風下酒菜

紹興酒漬奶油起司

舌尖觸感濃稠的濃厚滋味
最適合搭配紅酒的前菜風下酒菜

🐉Dragon Bar

適合的酒
中等到厚重酒體的紅酒

主要食材
奶油起司

主要調味料
紹興酒、醬油

異國風
下酒菜

紅酒

 特徵

以紹興酒與醬油醃漬切成方塊狀的奶油起司
即完成，是一道雖然簡單，卻滋味深厚的下
酒菜。在口中融化的濃稠厚重感，彷彿就像
高級生巧克力。雖然使用紹興酒，卻相對的
幾乎沒有酒精味，適合搭配厚重酒體的紅酒。

🎓 小知識

這道料理的靈感來自以醬油及紹興酒醃漬大
閘蟹製成的「醉蟹」，是一道中國風或台灣
風的下酒菜。醉蟹非常受歡迎，中國甚至出
現假的大閘蟹。所以真正的大閘蟹蟹殼上會
有烙印標記。

Part 3

愉快享用下酒菜的
小祕訣

美酒配美食，能讓美味更加倍。
找出最佳組合雖然也需要經驗，
但只要理解原則，就能立刻挑戰。
本章將由葡萄酒侍酒師與日本酒專家，
根據類別挑選下酒菜，介紹適合搭配的酒，
以及在餐廳、專賣店挑酒時的實用關鍵字、
與侍酒師討論的訣竅等。
而為了更享受料理與美酒，也會由專家介紹待客技巧、
料理的擺盤方式與餐桌的裝飾方法等，
請大家務必參考看看。

■ 侍酒師親自傳授

葡萄酒╳下酒菜餐酒搭配術

「餐酒搭配」稱為「pairing」，意思是「料理與酒的結合」，也有人稱為「marriage」（就是結婚的意思）。顧名思義，葡萄酒與料理關係密切，如果搭配得好，就能最大限度突顯兩者的美味。以下整理出一目了然的速查表，任何人都能簡單學會的餐酒搭配術。

一目了然　根據下酒菜的類別搭配葡萄酒 速查表

烤白肉魚與沙拉等
清爽的下酒菜　- - - - ▶　非常輕盈、
具有酸味的白酒　

溫柔的果實味與潑辣的酸味
能夠突顯料理的清爽

| 偏甜 ● ● ● ● ● ● 偏辣 |
| 輕盈 ● ● ● ● ● ● 厚重 |

P52
德諾斯提亞風龍舌魚

・冷盤
・涼拌生魚片
・生牡蠣
・日本料理

葡萄品種
密斯卡岱（muscadet）、
白蘇維翁（sauvignon blanc）等
推薦的葡萄酒　Je T'aime Mais J'ai Soif
使用取得有機認證的自然農法白酒。擁有萊姆、葡萄柚、蘋果與小白花的香氣。充滿輕快新鮮的感覺。口感偏辣。

紅肉生魚片與牛肉沙拉等，
脂肪較少的清爽下酒菜　- - - - ▶　輕盈、
口感柔順的紅酒　

華麗的果實味與豐富的酸味
適合搭配清爽的料理

| 偏甜 ● ● ● ● ● ● 偏辣 |
| 輕盈 ● ● ● ● ● ● 厚重 |

P72
鮪魚沙拉

・烤蔬菜
・高湯基底的日本料理
・煙燻料理

葡萄品種
黑皮諾（pinot noir）、嘉美（gamay）、
梅洛（merlot）
推薦的葡萄酒　Domaine Rossignol Fevrier.
取得自然農法認證的葡萄酒。具有紅櫻桃、野莓、小梅般的香氣。入口絲滑，留下純粹的後味，是一款高雅的紅酒。

燉煮番茄料理與
民族風料理等個性十足的下酒菜

P80
茄汁鱈魚

・紅肉魚沙拉
・壽司
・使用橄欖油的燒烤料理

華麗的
偏辣粉紅酒

豐富多汁的果實味與
清爽的酸味突顯出料理的鮮甜

| 偏甜 | ○ ○ ○ ● ○ | 偏辣 |
| 輕盈 | ○ ○ ○ ● ○ | 厚重 |

葡萄品種
仙梭（cinsault）、格那希（grenache）、
希拉（syrah）
推薦的葡萄酒 Chateau des Vingtinieres
Cotes de Provence Rose 2018
世界知名的粉紅酒產地普羅旺斯所生產的粉紅酒。
擁有櫻桃、蘋果泥與乾香草般的香氣。

香草料理、沙拉等
蔬菜類下酒菜

P42
鷹嘴豆丸

・冷盤
・炒蔬菜
・燒烤蔬菜
・日本料理

具有輕盈的
果實味的白酒

新鮮水果般的滋味
突顯出香草與蔬菜料理的美味

| 偏甜 | ○ ○ ○ ● ○ | 偏辣 |
| 輕盈 | ○ ● ○ ○ ○ | 厚重 |

葡萄品種
白蘇維濃（sauvignon blanc）、
維德侯（verdelho）、麗絲玲（riesling，偏辣）
推薦的葡萄酒 Grove Mill Marlborough
 Sauvignon Blanc 2017
新鮮葡萄柚、百香果與芭樂般鮮活的果實味及酸味
在口中擴散，帶來熱帶水果般的香氣

燉煮料理與起司等
濃厚的口味

P44
大蒜起司燉雞

・臘腸
・起司料理
・所有肉類料理

果實味
豐富的紅酒

滑順的口感與高雅的酸味
適合濃厚的料理

| 偏甜 | ○ ○ ● ○ ○ | 偏辣 |
| 輕盈 | ○ ○ ○ ● ○ | 厚重 |

葡萄品種
格那希（grenache）、梅洛（merlot）
推薦的葡萄酒 Dom. Saint Pierre Côtes
du Rhône Tradition 2016
帶有略熟的樹梅與藍莓般的果實香氣，以及黑胡椒
味與微微的菫花香。

油脂豐富的涼拌生魚片
與義式水煮魚等魚料理 ---→ 香氣豐富的
芳香白酒

圓融的濃縮果實味
突顯出魚料理
的美味

偏甜	●	●	●	●	●	偏辣
輕盈	●	●	●	●	●	厚重

葡萄品種
麗絲玲（riesling，偏甜）、維歐尼耶（viognier）、
白梢楠（chenin blanc）、
格烏茲塔明那（gewürztraminer）

推薦的葡萄酒 **Le Logis De Bray 2018**
讓人聯想到葡萄柚、花梨與蜂蜜的香味。清爽的酸
味將整體乾淨地整合在一起，是一款華麗且充滿果
實感的白酒。

P67
醃鮭魚

· 烤白肉魚
· 涼拌生魚片
· 亞洲民族風料理

香料味重的料理、
野味料理 ---→ 具有果實味
酸味均衡的紅酒

濃醇、厚重、後味緻密的
單寧很適合肉類料理

偏甜	●	●	●	●	●	偏辣
輕盈	●	●	●	●	●	厚重

葡萄品種
卡本內弗朗（cabernet franc）、
希拉（syrah）、山吉歐維樹（sangiovese）

推薦的葡萄酒 **Eco Terreno Cabernet-
Sauvignon 2015**
擁有成熟莓果與黑醋栗的香味，以及強而有力、濃
縮且深厚的韻味。酒體均衡厚重、尾韻悠長。

P69
香料雞胗

· 泰國料理

P82
洋蔥炒辣腸

· 辣香腸 · 肉凍

奶油香煎、奶油燉菜等
溫和的料理 ---→ 醇厚、厚重（木桶熟成）
的白酒

後味寬闊圓融的醇厚感，
能夠突顯出溫和下酒菜的滋味

偏甜	●	●	●	●	●	偏辣
輕盈	●	●	●	●	●	厚重

葡萄品種
夏多內（chardonnay）、
白蘇維濃（sauvignon blanc）

推薦的葡萄酒
Vine in Flames Chardonnay 2018
擁有成熟的葡萄柚、鳳梨以及來自木桶的杏仁與堅
果香。是一款帶有果實味及酸味，給人豐滿印象的
白酒。

P40
慕沙卡

P51
加利西亞風章魚

· 焗烤 · 奶油香煎海鮮或雞肉 · 奶油燉菜

牛排、燒肉與
臘腸等肉類料理

P20	P79
水牛城辣雞翅	巴西窯烤

・羊排　・生火腿　・烤牛肉　・東坡肉

澀味強烈的
厚重紅酒

澀而溫和的後味
突顯肉類料理的滋味

偏甜	●●●●●	偏辣
輕盈	●●●●●	厚重

葡萄品種
卡本內蘇維濃（cabernet sauvignon）、
內比歐露（nebbiolo）
推薦的葡萄酒　**Bardolino DOC Reboi 2017**
帶有莓果、梅子與紫番薯般的香氣，口感滑順，
具有圓滑的果實味以及讓人聯想到小梅的酸味。
是一款順口、沒有稜角的中酒體紅酒。

如何在餐廳或專賣店挑選葡萄酒？

　　雖然想請店員或侍酒師幫忙挑選，卻不知道該怎麼描述。在此將介紹實用的傳達
方式，以及請專家幫忙挑酒的重點。

專賣店

1. 告訴店員想買的葡萄酒種類。
   例如紅酒、白酒、氣泡酒。以及偏甜、偏辣等等。
2. 告訴店員想要的味道。
   （例如：酸味強烈的白酒、輕盈的白酒、果實味豐富的紅酒等）
3. 告訴店員搭配的料理，請他們幫忙選擇適合的酒。
4. 告訴店員預算。

> 如果能夠告訴專賣店的店員更具體的資訊，例如在什麼情境下喝、
> 何時喝、跟誰喝等等，更能挑選出最適合的酒款。

餐廳

1. 請侍酒師根據餐點挑選適合的酒。
2. 告訴侍酒師偏好的口味，請他幫忙選擇
   （例如：偏甜、輕盈、果香等）。
3. 確認價格（有些葡萄酒很貴，最好事先確認）。

為了更廣泛地了解葡萄酒，挑選時必須注意的事情

　　挑選葡萄酒時，必須注意一件事情，那就是不要太拘泥於對品種與國家的偏好。以葡萄的品種為例，夏多內這個品種遍布全世界，其滋味隨著生產者、產地、生產方式而有各式各樣的變化。即使在同一個國家，產地位於南方還是北方，也會大幅改變口味給人的印象。如果太早在腦中認定這個品種如何、那個國家的品種如何，對葡萄酒的了解就會變得狹隘。

　　葡萄酒的世界非常寬廣，為了享受其多樣性，最好請侍酒師幫忙挑選。

侍酒師 香織的
喬 治 亞
報告

走過動盪時代的傳統酒莊

喬治亞是葡萄酒的發源地，時常成為全球葡萄酒業界的目光焦點。
在這裡體驗了長久傳承下來的獨特釀造法，和下酒菜的餐酒搭配。

　　喬治亞是位於高加索地區的一個小國，與俄羅斯、土耳其、亞美尼亞、亞塞拜然這四個國家相接，同時也是全世界最古老的葡萄酒產地之一，據說從 8,000 多年前就開始釀造葡萄酒。其釀造方法相當獨特，將收成的葡萄壓碎之後，直接連皮帶籽一起裝進名為「qvevri」的陶甕當中一起發酵。接著埋入地底，在溫度固定的環境中熟成。白酒被稱為橘酒，特徵是色如琥珀，擁有深厚的滋味與澀味。

　　當地人在喝酒之前有個為家人、朋友以及客人祈禱的乾杯儀式。喬治亞的葡萄酒滋味獨特，適合搭配起司燉煮料理大蒜起司燉雞（P44）、看起來像大顆小籠包的卡里餃（Khikali）、以烤茄子包覆核桃泥的冷盤巴德里亞尼（badrijani）。喬治亞的傳統下酒菜，當然還是最適合喬治亞的葡萄酒，而且口味讓人有莫名的懷舊感。大家一起分享美味下酒菜，共度愉快時光，彼此敞開心房，或許就是喬治亞葡萄酒能夠傳承到今日的真髓吧？

小林香織

與廚師先生一起到亞洲、南美等世界各國旅行，2012年在湘南開設專賣中華料理與葡萄酒的餐廳「dragon bar」。2013 年在田崎真也的葡萄酒沙龍取得侍酒師執照。以中華料理與葡萄酒的餐酒搭配為基礎，日復一日研究料理與葡萄酒的搭配。

日本酒專家親自傳授

日本酒╳下酒菜餐酒搭配術

日本酒是「享譽全球的餐酒」。富含美味成分的日本酒由白米釀造而成，就如同白飯適合搭配任何料理，只要配合日本酒的特性挑選，不僅能夠享用酒本身的滋味，也能讓美味的料理更美味。

如何看懂酒標

挑選日本酒時，首先必須理解酒標上的文字。看懂酒標所需的基本常識如下表。

＊特定名稱酒 8 種 +1 種（根據日本酒稅法進行分類）

使用原料　精米步合	米・米麴	米・米麴 規定量內的釀造用酒精	米・米麴 規定量外的釀造用酒精・其它副原料
無規定	純米酒		普通酒
70% 以下	純米酒	本釀造酒	普通酒
60% 以下	特別純米酒	特別本釀造酒	普通酒
60% 以下	純米吟釀酒	吟釀酒	普通酒
50% 以下	純米大吟釀酒	大吟釀酒	普通酒

在基本的米與米麴所釀造的純米酒當中所添加的原料，與白米的碾磨程度，會影響日本酒的名稱。

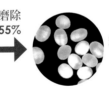

精米步合 100%　→　磨除 55%　→　精米步合 45%

日本酒的名稱與特徵

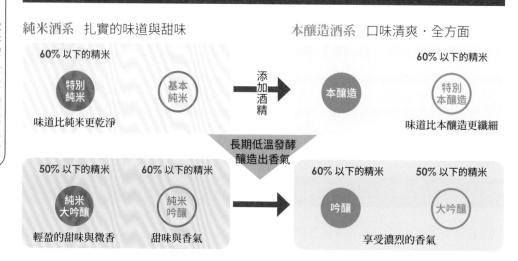

純米酒系　扎實的味道與甜味

60% 以下的精米

特別純米

味道比純米更乾淨

基本純米

添加酒精 →

長期低溫發酵 釀造出香氣

50% 以下的精米

純米大吟釀

輕盈的甜味與微香

60% 以下的精米

純米吟釀

甜味與香氣

本醸造酒系　口味清爽・全方面

60% 以下的精米

本醸造

60% 以下的精米

特別本醸造

味道比本醸造更纖細

60% 以下的精米

吟釀

50% 以下的精米

大吟釀

享受濃烈的香氣

根據口味的差別分類

為了搭配料理，必須先了解日本酒的特徵。以下是唎酒師認證機構「日本酒研究會・酒匠研究會連合會」（SSI）所制定的日本酒 4 種類分類法。

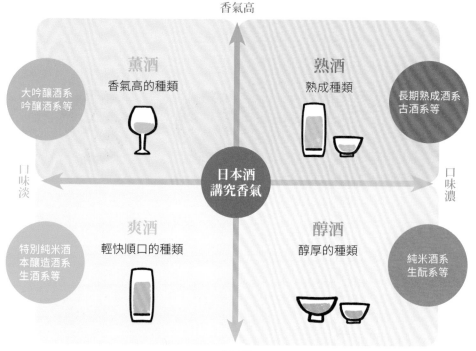

香氣高

薰酒 香氣高的種類

大吟釀酒系 吟釀酒系等

熟酒 熟成種類

長期熟成酒系 古酒系等

口味淡 ← 日本酒 講究香氣 → 口味濃

爽酒 輕快順口的種類

特別純米酒 本醸造酒系 生酒系等

醇酒 醇厚的種類

純米酒系 生酛系等

香氣低

其他決定日本酒口味的關鍵字

精米步合
碾磨（精米）程度高……
口感乾淨

↕

不碾磨……
甜味扎實

水
軟水……
舌尖觸感佳的偏甜酒

↕

硬水……
爽快扎實的口味

釀造方法差別‧山廢
速釀
口味單純
生酛
有複雜的厚度
山廢
比生酛更硬

生酒‧火入

為了製造後的品質穩定，先加熱到 65℃再急速冷卻

	一般酒	生酒	生儲藏酒	生詰
製造後火入	有	無	無	有
出貨前火入	有	無	有	無

日本酒與料理的搭配

1 同調
（平衡良好）

最安全保險的
組合

2 調和
（harmony、marrige）

強而有力
印象深刻的
組合

3 沖洗
（reset、wash、refresh）

使口中變得
清爽的
組合

　餐酒搭配的手法有 3 種。本書推薦的餐酒搭配主要採用 1 與 2，有時也會用到 3。但無論如何，都是讓下酒菜品嘗起來更美味的組合，各位不妨也挑戰看看自己的感受性。

一目了然 根據下酒菜的類別搭配日本酒　速查表

清爽的下酒菜 ⤑ **薰酒** 香氣高的
日本酒

P106
生春捲

・涼拌生魚
・沙拉
・冷盤

突顯清爽的前菜與
沙拉類的食材

香氣高的吟醸酒系，適合使用較大的葡萄酒杯，以便同時享受香氣。

稍微帶點油份的
下酒菜 **爽酒** 輕快順口的
日本酒

P50
安達魯西亞風
櫻花蝦

・美式炸物
・天婦羅
・雞唐揚

適合搭配任何料理的萬能酒

想要品嘗料理細緻的口味時，推薦使用較細長的薄玻璃杯或吞杯。

全面展現鮮甜味的
下酒菜 **醇酒** 醇厚的
日本酒

P34
酸橙漬海鮮

・關東煮
・肉類炒蔬菜
・焗烤

突顯料理強烈的鮮味

一般認為不容易搭配日本酒的辛辣料理可配上溫酒。建議使用吞杯或較矮的玻璃杯。若是溫酒則推薦平杯（平而淺的日式酒杯，又稱為盃）。

香辣的下酒菜 ⤑ **熟酒** 熟成的
日本酒

P127
辣椒牛肉絲

・中華拌炒料理
・民族風料理
・下酒零食

突顯料理厚重的香辣味

使用大量油脂的料理若搭配溫酒，就能清除口中的油膩，讓後味變得更好。可搭配較細的玻璃杯以呈現清爽感。如果想要突顯酒的甜味，則須搭配具有厚度的稍大吞杯。若是溫酒則推薦平杯。

日本酒專家
江澤城司的
酒藏
報告

適合搭配下酒菜的
日本酒是這樣釀造的

日本酒使用米、米麴與水釀造。但同時還需要搭配氣候、風土、發酵以及熟悉這一切的藏人技術才能完成，堪稱藝術品。

釀造日本酒

日本酒的釀造從稱為「精米」的碾米開始，到搾酒（分離酒粕與過濾的液體）、儲藏總共耗時 3 個月。為了釀造出美味的酒，將米碾成精米之後，需要靜置 1 個月熟成（稱為「枯」），而洗過的米在吸水時，甚至需要以碼表管理時間。由此可知，在釀酒的過程中，原料與人坦誠相對的對話相當重要。此外，酒藏也很重視釀酒時的「設計圖」，他們會根據「想要釀造這種酒」的方針，像是照顧小孩一般的照顧酒。

酒藏是神聖的場所

米（白飯）可以搭配任何配菜，所以日本酒也適合搭配任何料理。日本酒在百貨公司或專賣店被稱為「和酒」，在海外觀光客之間也很受歡迎。而釀造日本酒的酒藏是神聖的場所，走進酒藏之後，冷冽的空氣讓人立刻繃緊神經，米麴與木頭的芬芳滿溢心靈。有些酒藏開放參觀，如果有機會不妨前去拜訪。

茅崎粹醉會發起人、日本酒學講師、日本酒侍酒師
江崎城司

2011 年取得日本酒學講師執照，不定期舉辦「日本酒入門講座」。在長達 13 年來每月舉行的粹醉會中，傳授日本酒與下酒菜的餐酒搭配，料理種類不拘。除此之外，也擔任餐廳與酒藏的顧問。

照片・資料提供：瀨戶酒造株式會社（神奈川縣足柄上郡開成町今井島 17）／ NPO 法人 FBO（飲料專家團體連合會）

龍舌蘭適合搭什麼？

單一酒種酒吧老闆親自傳授　讓美酒更美味的餐酒術！

老闆　橫山勵一

學徒時代，從工作的酒吧回家時，偶然走進一間墨西哥料理店，從此迷上在那裡嘗到的龍舌蘭的衝擊滋味，後來就在東京西荻窪開設德墨料理與龍舌蘭的專門酒吧，至今已經第 10 年。擁有龍舌蘭侍酒師資格。

FRIDA

地址／東京都杉並區西荻北 3-3-6　B1
營業時間／19：00～凌晨 3：00、週日～ 24：00
店休日／週一
店內常備 200 種以上的龍舌蘭，顧客多為女性，男女比約 7：3

用龍舌蘭 Highball 搭配塔可餅

龍舌蘭是以多肉植物「龍舌蘭」為原料釀造的蒸餾酒，最近越來越多人懂得仔細品嘗頂級龍舌蘭（100% 龍舌蘭釀造）的優質滋味。橫山勵一說：「若是純龍舌蘭釀造，喝多了也不會宿醉，調成 Highball 的滋味更是特別。」推薦搭配塔可餅或玉米片。塔可餅建議對折起來吃。配料種類豐富，最受歡迎的是燻鮭魚。

玉米片搭配頂級龍舌蘭

該店的烤玉米片（nachos）搭配自家製塔可肉醬、莎莎醬、酪梨醬、雞肉、奶油起司等配料，濃縮了滿滿的墨西哥風味。橫山勵一說「也很適合搭配龍舌蘭 Highball」。爽口輕盈的龍舌蘭 Highball 突顯了酪梨醬與起司的濃厚鮮甜，並賦予莎莎醬的辣味爽快感，搭配起來非常棒。當然，也很適合搭配頂級龍舌蘭。

↑烤玉米片。使用墨西哥玉米片搭配自家製塔可肉醬、酪梨醬、奶油起司。

←「龍舌蘭日出」（Tequila Sunrise）使用瀟灑銀龍舌蘭調製。將龍舌蘭與現榨葡萄柚汁及柳橙汁混和。
→頂級龍舌蘭加入碳酸水調成的 Highball。在各種 Highball 中有著數一數二的輕盈感，非常適合搭配烤玉米片。

→純飲木桶熟成 1 年以上的「anejo」，比起原料的龍舌蘭香，來自木桶的甜香更明顯，但是口感卻不可思議地輕盈。

↑純飲木桶熟成 1 年以上的「anejo」，比起原料的龍舌蘭香，來自木桶的甜香更明顯，但是口感卻不可思議地輕盈。

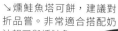

↘燻鮭魚塔可餅，建議對折品嘗。非常適合搭配奶油起司與燻鮭魚。

蘭姆酒適合搭什麼？

 專賣店長親自傳授　讓美酒更美味的餐酒術！

老闆 三井尚武

喝了「Havana Club」的蘭姆酒後大開眼界，於是沉浸在蘭姆酒的魅力長達 20 餘年。最後終於自己開了蘭姆酒的專賣酒吧，至今已有 9 個年頭，以能在東京新宿 3 丁目喝到正統莫希多調酒而大受好評。

MAMBO BAR

地址／東京都新宿區新宿 3-10-11 3-A
營業時間／19：00～凌晨 3：00
店休日／週日
店裡常備 200 種從中美到南美洲與世界各國的蘭姆酒。

最適合蘭姆酒的下酒菜是什麼？

初訪「MAMBO BAR」的顧客，至少應該會受到兩項衝擊，一項是砂糖，另一項是莫希多調酒。尤其這裡使用的砂糖「Perruche」是甘蔗製作的純蔗糖，擁有清爽到驚人的甜味，讓人肯定老闆三井充滿自信的建議「最適合搭配蘭姆酒的下酒菜就是砂糖」。邊喝莫希多調酒，邊舔著這種砂糖，就先把罪惡感拋一邊吧。

莫希多適合搭配清爽的料理

正統莫希多調酒配方使用的是加州小薄荷（Yerba Buena），但日本通常都用一般薄荷代替，「MAMBO BAR」的莫希多，就是使用加州小薄荷的正統口味，好喝到讓人不禁懷疑以前喝的莫希多到底是什麼。搭配的 3 道下酒菜都很清爽，如果想搭配肉類，老闆建議「叉燒或雞肉冷盤沾芥末，都很適合搭配蘭姆酒」。

←將柑橘當成蔬菜的簡單沙拉。是一款非常適合搭配白蘭姆酒的下酒菜。搭配香檳或白酒也很不錯。

←火龍果與卡門貝爾起司。擠上檸檬汁再淋上甘蔗糖漿，溫和的口感留下悠長的尾韻。

←自家製萊姆葡萄。濃縮的葡萄甜味配上蘭姆酒的風味，除了適合搭配莫希多或其他調酒，也很適合搭配純飲的蘭姆酒。

↓「perruche」由甘蔗製成。輕快清爽的甜味相當具衝擊性，沒有市售砂糖的黏膩甜味。

↓使用農業蘭姆酒（由甘蔗汁釀造）調製的陽春派對酒（Ti'Punch），可以感受到甘蔗的香氣與滋味。

↑莫希多調酒。根據中南美洲的配方，使用搗過的加州小薄荷調製。一般薄荷終究只是代用品。具有深度的香味是特徵。

↑西班牙酒廠出產的「Dos Maderas」蘭姆酒，以雪莉酒木桶熟成。甘甜順口，很受女性歡迎。

↑緣滾上一圈砂糖而不是鹽。農人雞尾酒（Planter Cocktail）使用白蘭姆酒、熟成蘭姆酒與柑橘類果汁調製。

✿ 生活風格＆花藝師親自傳授　　　　生活風格＆花藝師　**福島康代**

讓美酒與美食更亮眼的餐桌待客術

待客裝飾不需要特別的工具，只需要幾個盤子與玻璃杯，以及「感謝你今天前來」的心意便已足夠。傳授我們這個觀念的康代女士，將介紹餐桌布置的重點，「只要掌握這些訣竅就沒有問題」。

1
決定
主題

YASUYO's Rule

餐桌布置取決於 3 個訣竅

餐桌布置的基礎是決定當天的主題與主色。主題可根據當天提供的餐點決定，例如異國風或和風等。餐桌的配色以主色為中心，控制在 3 色以內（黑色、白色、玻璃杯除外）就不會出錯。餐桌上裝飾的花朵也不能太大，需選擇不會妨礙坐在餐桌兩側的人對話的高度，可以酒瓶高度為基準。

日本四季分明，招待賓客時也建議配合季節。餐點可納入當季食材，飲料也根據季節準備冷飲或熱飲。尤其容易感受季節的花朵，可配合時期以不同方式呈現（例如插在花瓶，或是浮在水面）。

2
季節感

3
體貼

待客時最重要的就是體貼，讓賓客感受到你希望他賓至如歸的心意，比美麗的布置或美味的料理更重要。留意賓客是否玩得開心、有沒有落單的情況，讓大家共享不拘形式的歡樂時光。

餐桌布置的基礎

方便賓客取用餐點的配置

　　餐桌布置必須隨著長桌、圓桌、人數等進行調整，在此以 4 人長桌為例進行介紹。決定主色之後，先準備配色用的小裝飾。下面例子當中，主色是餐盤的藍色，配色則是米白與藤編的顏色。4 人的座位設定成兩兩相對，餐桌中央鋪著中央桌巾，上面擺著大家共享的大餐盤。至於下酒菜等副餐，則擺在上下或左右，以便兩兩分享。

153

❀ 生活風格＆花藝師親自傳授

決定主色的方式

在這個例子當中，雖然以餐盤為主色，但主色也可以是中央桌布、餐巾紙或大盤子。基本的選擇方式是在整體的3種顏色當中，選出特別亮眼的顏色。或者春天選擇櫻花色、秋天選擇楓葉色等，透過主色展現季節感也很棒。

將餐盤疊在一起

待客術的精髓，就在於提供非現實的空間。例如在高級餐廳就座時，有時會看到疊在一起的餐盤。下方的餐盤不是為了實際使用，而是為了表現「歡迎你來」的待客心意。這種餐桌裝飾，只需要將餐盤疊在一起即可，立刻就能模仿吧！推薦購買 27cm 與 21cm 的同色同款餐盤。

準備餐巾紙與玻璃杯

照道理來說，應該準備水杯、香檳杯與紅、白酒用的酒杯，但在自家舉辦家庭派對時，就稍微輕鬆一點吧！只需準備水杯與葡萄酒杯即可。人多的時候，為了避免大家無法辨認自己的杯子，準備好玻璃杯標記也是一種待客術。此外，在非正式場合，餐巾紙比布餐巾更適合。用餐巾環圈住餐巾，就能呈現別緻感。

前菜與主菜用大盤子盛裝

　　料理裝盤也需要體貼。首先將前菜
與主菜用大盤子盛裝，放在中央的中
央桌布上，讓 4 個人可以分享。這個
空間稱為公共空間，是大家共有的場
域（物品）。沒有鋪桌布的空間，例
如自己餐盤的左右兩邊則是個人的場
域，稱為個人空間。

副餐、下酒菜多安排方便取食的巧思

　　副餐是像零嘴一樣吃著玩的下酒菜，所以花點巧思安排讓賓客方便取食。可以用竹籤
串起來，或是裝進小容器裡，比起眾人分享，方便個人享用的擺盤更令人開心。這時候，
上下、左右各擺 2 人份的餐點或許不錯。只要記住這些餐桌布置的訣竅，你也能變成待
客專家。不妨試試看！

簡單花藝

✿ 生活風格＆花藝師親自傳授

餐巾環＆玻璃杯標記

任何人都能輕鬆完成的待客用花藝。
不妨挑戰看看！

餐巾環

材料
藤條…適量
鐵絲…#26（約1m）

花材
緞帶…35cm
花藝膠帶（綠色）…適量
喜歡的花與葉子（鮮花或永生花都可以）…適量

玻璃杯標記

材料
鐵絲…#26（約1m）

花材
緞帶…35cm
花藝膠帶（綠色）…適量
喜歡的花與葉子（鮮花或永生花都可以）…適量

製作方式

1. 將藤條剪成適當長度，捲成圓環。

2. 製作花束，作法請參考玻璃杯標記。

3. 用鐵絲捆緊。

4. 纏上花藝膠帶將鐵絲蓋住。

5. 用緞帶將 4 綁在 1 上。

6. 將緞帶綁緊，把餐巾放進藤環中。

製作方式

1. 將鐵絲穿過花的根部，做成莖。

2. 用花藝膠帶纏繞鐵絲。

3. 以 2 為中心，圍上小花與葉子做成花束。

4. 用鐵絲捆緊 3 的根部，並剪掉多餘的莖。

5. 纏上花藝膠帶將鐵絲蓋住。

6. 使用緞帶綁在玻璃杯腳。

完成

手作餐巾環與玻璃杯標記都可以讓客人帶回家。直接擺到乾燥，就能當成乾燥花裝飾起來，最適合當成餐會的紀念品。

生活風格＆花藝師　福島康代

出生於奈良市。家教嚴謹，10 幾歲就開始學習花道（山村御流）。母親是花藝設計師，自己也踏進花藝的世界。1997 年創辦「Floral_Atelier」，擔任鮮花、乾燥花與永生花講師，並舉辦多次作品發表會與展示會。後來旅居新加坡數年，於 2019 年回到日本。她的課程炙手可熱，以難預約著名。

Part 4

世界下酒菜食譜

如果能在家裡製作世界各國的下酒菜，

那麼即使沒有出門旅行，

也能在家裡享受世界各地的飲食文化與美酒。

未曾聽過的料理，乍看之下可能會以為很難做，

其實用熟悉的食材就能完成。

本章將穿插製作步驟的照片，

介紹在日本擁有超高人氣的義大利料理、法國料理，

以及健康的墨西哥料理、日本的漁夫料理，

還有陌生國度的下酒菜等。

不妨試著挑戰看看在舉辦家庭派對或是招待客人時，

製作讓大家開心的世界下酒菜。

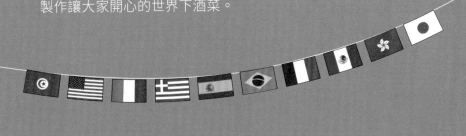

突尼西亞 Tunisia

☪ 突尼西亞

布里克餃

令人垂涎三尺的滑嫩半熟蛋下酒菜。布里克餃在突尼西亞是標準料理，主要當成前菜品嘗，適合搭配口感輕盈的紅酒。

材料（2 人份）

馬鈴薯……2 顆（煮熟後壓成泥）
鮪魚罐頭……1 罐

a ┌ 孜然……1 小匙
  │ 芫荽……1 小匙
  │ 薑黃……1 小匙
  │ 印度綜合香料……1 小匙
  │ 鹽……1/2 小匙
  └ 胡椒……少許

蛋……4 顆
春捲皮……4 片
低筋麵粉……1 大匙（以等量的水調勻）
油炸用油（沙拉油等）……約 600ml

作法

1. 將馬鈴薯與鮪魚罐頭（將油瀝乾）放進調理盆裡，加入 a 均勻混和，分成 4 等份。

2. 將 1 擺在春捲中央，正中間挖空做成堤防形狀 A。

3. 將蛋打進堤防正中央，在春捲皮邊緣塗上麵粉水 B。

4. 將春捲皮對折成三角形，塗上麵粉水的部分對齊，並確實壓緊 C。

5. 以加熱到 200℃ 的油，將 4 炸成金黃色。

將鮪魚馬鈴薯泥放在春捲皮的中央，正中間挖空做成堤防。

將蛋打進堤防正中央。蛋白太多會滿出來，可以先將蛋黃放在中心，再視情況加入蛋白。春捲皮四邊都塗上麵粉水。

將春捲皮對折成三角形，塗上麵粉水的部分對齊，確實壓緊。

美國 United States of America

🇺🇸 美國

水牛城辣雞翅

發源自紐約州水牛城的超辣雞肉料理。正統做法需要使用卡宴辣椒粉與醋，但使用 Tabasco 辣椒醬也能簡單製作。是一道非常適合精釀啤酒的下酒菜。

🧃 材料（4 人份）

雞翅小腿……10 支
麵粉……3 大匙
油炸用油（沙拉油等）……約 600ml
番茄醬……1/2 杯
奶油……1 大匙
Tabasco 辣椒醬……1 大匙
芹菜……1 根

起司沾醬（混和調勻）
美乃滋……3 大匙
酸奶油……2 大匙
胡椒……少許
奶油起司……1 大匙

🥄 作法

1. 以刀子沿著雞翅小腿的骨頭劃一刀。

2. 將 1 輕輕撒上麵粉 A，以 180℃的低溫油炸 B。

3. 在平底鍋中加入番茄醬、水、奶油、Tabasco 辣椒醬煮沸 C。

4. 將 2 加入 3 使其沾附醬汁 D，盛裝在容器中。

5. 將起司醬裝進小容器，放在 4 的盤子上，並放上芹菜做為配菜。

將麵粉輕輕撒在劃上一刀的雞翅小腿上。

炸到微焦，確保熟透。

在平底鍋中加入醬汁的材料，以中火加熱。

醬汁沸騰之後，將雞翅小腿放進去，充分沾附醬汁。

義大利 Italian Republic

■■ 義大利

鳥嘴小魚　國 meshiCuisineNaturelle

這道下酒菜以小魚為材料，模仿棲息在義大利的小鳥「Beccafico」的造形製作，非常適合當成前菜。適合搭配富含果香的偏甜紅酒。

材料（2人份）

豆竹筴魚……12 尾
橄欖油……1 大匙
麵包粉……50g
檸檬（切成楔形）……少許
義大利香芹……少許

　　　鯷魚菲力……2 片（切粗末）
　　　葡萄乾……20g（切粗末）
　　　酸豆……20g（切粗末）
a　　松子……20g（敲碎）
　　　杏仁……20g（敲碎）
　　　砂糖……1 小匙
　　　檸檬汁……1 大匙

作法

1. 以 3 枚切處理竹筴魚，其中一邊的魚身保留尾鰭 A。

2. 平底鍋加入 1 大匙橄欖油，以中火熱鍋，將麵包粉加入，炒到金黃色。

3. 將 2 倒進調理盆當中，加入 a 充分混和 B。

4. 在 1 的豆竹筴魚兩面撒上 3 並捲起來，尾鰭在外側 C。

5. 將 4 排在烤盤上，淋上 3 大匙橄欖油，將烤箱設定成 200℃，烤約 10 分鐘。

6. 裝盤，擺上檸檬，並以義大利香芹裝飾。

將竹筴魚 3 枚切，留下單邊的尾鰭，並去除中骨。

以平底鍋將麵包粉炒到微焦，與 A 充分混合。

將 3 撒在豆竹筴魚上捲成圓形，放進烤箱烤熟。

希臘 Hellenic Republic

將切成薄片的茄子兩面煎到上色。

希臘

慕沙卡

慕沙卡是一道希臘傳統料理，使用茄子製作，將茄子與肉醬、白醬疊起來烤。烤的時候會加上起司，因此適合搭配清爽的香檳與白酒。

材料（2 人份）

白醬
奶油……20g
麵粉……20g
牛奶……200ml
鹽……少許

肉醬
奶油……1 大匙
洋蔥（切末）……1/4 個
絞肉……100g
大蒜（切末）……1 瓣
紅酒……30ml
番茄罐頭……100g
番茄醬……1 大匙
水……100ml
鹽、胡椒……少許

茄子……2 根
橄欖油……3 大匙
披薩用起司……適量
起司粉……少許
香芹（切末）……少許

作法

1. 首先製作白醬。將奶油放進鍋中，開中火，待奶油融化後，加入麵粉拌炒。接著暫時關火，一點一點加入牛奶拌勻。

2. 以小火加熱 1 的鍋子，煮出黏稠度之後，再加熱約 1 分鐘，以鹽調味。

3. 接著製作肉醬。在平底鍋裡放入奶油開中火，加入洋蔥炒到軟，加入絞肉拌炒，再加入紅酒煮到酒精蒸發。

4. 將番茄罐頭、番茄醬、100ml 的水加入 3 當中，煮到收乾之後再用鹽、胡椒調味。

5. 將茄子切成約 5mm 的薄片，以橄欖油煎到兩面上色 A。

6. 在耐熱容器裡依照白醬、茄子、肉醬、茄子、白醬的順序堆疊食材 B C。

7. 鋪上披薩用的起司，撒上起司粉，將烤箱預熱到 200℃，烤 15 ～ 20 分鐘 D。

8. 烤好之後撒上香芹。

B
在耐熱容器中鋪上一層白醬，放入一半份量的 2。

C
茄子上方鋪一層肉醬，再鋪上剩下的茄子。

D
將白醬淋到茄子上，上面鋪披薩起司，撒上起司粉，再放進烤箱烤熟。

西班牙 Kingdom of Spain

A

將油約略蓋過馬鈴薯與洋蔥,煮到軟為止。

B

炒大蒜的時候,也加入 2 拌炒。

C

將蛋打進調理盆裡並打散。

D

趁熱將馬鈴薯與洋蔥倒進裝著蛋液的調理盆裡。

🇪🇸 西班牙

西班牙烘蛋　🔊El Mambo

西班牙人的家鄉味，是一道在家庭料理中出類拔萃的雞蛋料理。天天吃也吃不膩的口味，適合搭配任何酒類。無論當成前菜，或是嘴饞時的小點心都很適合。

📋 材料（4 人份）

馬鈴薯……150g（去皮後）
洋蔥……75g
油煮用油（橄欖油或沙拉油）……400 ～ 500ml
橄欖油……2 大匙

大蒜……10g
蛋……3 個
鹽……少許

🍳 作法

1. 將馬鈴薯與洋蔥切成約 1cm 的小丁（不過水）。大蒜切末。

2. 將 1 的馬鈴薯與洋蔥放進鍋中，倒入約略蓋過食材的油，開中火煮到有滋滋聲時，轉小火煮 20 ～ 30 分鐘 A。待馬鈴薯煮軟之後即可撈起。

3. 在平底鍋裡倒進橄欖油，加入 1 的大蒜，開中火爆香，等出現香氣後，再加入 2 的馬鈴薯與洋蔥繼續拌炒 B。

4. 在調理盆裡將蛋打散 C，加入鹽混合。

5. 將 3 趁熱倒進 4 的調理盆裡 D，並且充分拌勻 E。

6. 在平底鍋裡加入橄欖油，開中火，將 5 倒入。

7. 待周圍開始凝固時，以橡膠刮刀攪拌，等中央呈半熟狀態後，將盤子蓋在平底鍋上翻過來 F。

8. 將盤子中的 7 直接滑進平底鍋裡，再煎大約 40 秒左右 G，而後移到乾淨的盤子上。

E

充分拌勻。當蛋液因為食材的熱而逐漸凝固時，就倒進平底鍋裡。

F

倒進平底鍋後開中火，煎到周圍凝固，中央呈半熟狀態時，將盤子蓋在平底鍋上翻面。

G

將盤子上的 7 直接滑進平底鍋裡，再加熱約 40 秒左右。

 巴西　Federative Republic of Brazil

🇧🇷 巴西

茄汁鱈魚　🟠TORO TOKYO

這道料理的葡萄牙語名稱「Bacalhau」指的是用鹽醃漬的鱈魚乾。而這份食譜則將巴西料理常用的鱈魚乾調整成生鱈魚，非常適合搭配巴西產的蒸餾酒卡沙夏。

📋 材料（2 人份）

新鮮鱈魚……120g
鹽、胡椒……少許
橄欖油……1 大匙
大蒜……1 小匙（切末）
洋蔥……40g（切末）
鯷魚（菲力）……10g
酸豆……10g
番茄紅醬……140ml
番茄……20g（切粗末）
芫荽……3g
奧勒岡葉……1g
橄欖（黑）……6 顆

🥣 作法

1. 將生鱈魚撒上鹽與胡椒 A。

2. 將橄欖油倒進平底鍋裡，放入蒜末，開中火，待炒出香味後，將 1 放入，魚皮朝下，煎到兩面微焦 B。

3. 依序將洋蔥、鯷魚加入 2，邊炒邊以鍋鏟壓碎鯷魚 C。

4. 將酸豆、番茄紅醬 D、番茄、芫荽、奧勒岡葉、橄欖加入 3，煮滾之後繼續煮 2 分鐘收乾 E。

將生鱈魚撒上鹽與胡椒，靜置約 1 分鐘。

將鱈魚皮朝下，煎到微焦。

以鍋鏟等壓碎鯷魚。

加入番茄紅醬。

加入香料與橄欖，直接煮 2 分鐘收乾。

法國 French Republic

■■ 法國

卡酥來砂鍋　國 meshiCuisineNaturelle

從油封鴨開始花時間仔細製作的正統卡酥來砂鍋。鴨肉、羔羊、香腸等肉類與豆類融合成複雜的滋味,是一道最適合搭配中酒體紅酒的下酒菜。

材料（4 人份）

a
帶骨鴨腿肉……2 片
大蒜……1 瓣（切薄片）
橄欖油……90ml

羔羊肉（肩里肌）……400g
（切成 3cm 方塊）
鹽、胡椒……少許
橄欖油……4 大匙
洋蔥……400g（切成 5mm 小丁）
大蒜……30g（切末）
番茄泥……80g
白腰豆（水煮）……400g
生香腸……4 根

作法

1. 先製作油封鴨。將 a 裝入密封袋,放入沸水當中再度沸騰,接著立刻熄火,靜置 2 個小時。

2. 羔羊肉撒上鹽與胡椒。

3. 在平底鍋中倒入 2 大匙橄欖油,開中火,將 2 的表面煎到微焦,接著暫時取出 A。

4. 在 3 的平底鍋中再加入 2 大匙橄欖油,放入洋蔥、蒜末,以中火炒出香味。

5. 將番茄泥倒入 4 中拌炒,加入 3 取出的羔羊肉混合,接著從爐子上拿下來,靜置約 10 分鐘（在冷卻過程中,羔羊肉表面的熱度將慢慢滲透到裡層,形成軟嫩的口感）B。

6. 將 5 移入鍋子裡,加入白腰豆。接著將 1 連湯汁一起倒入,加入蓋過材料的水（食譜份量外）,以中火～小火燉煮 1 小時 30 分鐘 C。

7. 將 6 裝進耐熱容器裡,放入生香腸,以預熱到 200℃的烤箱烤約 20 分鐘 D。烤的時候不要蓋蓋子,將表面烤到微焦。

以平底鍋將羔羊肉表面煎到微焦後暫時取出。

番茄泥加熱,放入羔羊肉後,將鍋子從爐火取下靜置 10 分鐘。

加入白腰豆、油封鴨等燉煮。

將燉煮後的 6 移到耐熱容器,擺上生香腸後放入烤箱烤。

■ 墨西哥 United maxican States

🇲🇽 墨西哥

酪梨醬 　TORO TOKYO

使用成熟酪梨製作的簡單沾醬。除了適合沾玉米片或薯片外，沾蔬菜也很好吃。最適合搭配清爽的瑪格莉特調酒。

材料（2 人份）

酪梨……1 個
墨西哥辣椒（生）……1/2 根
洋蔥……20g（切末）
番茄……20g（切粗末）
芫荽……2g（切粗末）
萊姆汁……1 小匙

作法

1. 將酪梨種子取出，去皮之後放進調理盆裡 A。

2. 將墨西哥辣椒縱切成兩半，去除種籽（墨西哥辣椒具有強烈刺激性，操作時請戴手套）。

3. 用攪拌棒等工具將 1 的酪梨壓碎 B。

4. 將鹽撒進 3 並混合。

5. 將洋蔥、番茄、芫荽放入 4 當中 C，最後擠入萊姆汁並充分拌勻 D。

將成熟酪梨挖出。

以攪拌棒將酪梨壓碎。

加入鹽、洋蔥、番茄、芫荽。

加入墨西哥辣椒並擠入萊姆汁。

香港 Hong Kong

🌸 香港

魚香脆茄子 Dragon Bar

擁有複雜風味的五香粉，為滋味清淡的茄子帶來辣味，並突顯其深奧的甜味，是一道優秀的料理。口感酥脆，最適合搭配清新的粉紅酒與白酒。

📋 材料（2 人份）

米茄子……1 根

a（混合）
五香粉……5g
七味辣椒粉……5g
太白粉……30g
高筋麵粉……50g

油炸用油（沙拉油）……適量
鹽……1/3 小匙
麻油……1 小匙

b
蝦米……1 小匙（切末）
芹菜……1 小匙（切末）
彩椒（紅、黃）……各 1 小匙（切末）
薑……1/2 小匙（切末）
紫洋蔥……1 小匙（切末）
蒜苗……1 根（切末）

🍳 作法

1. 將米茄子削皮，切成棒狀 A。

2. 將 1 過水 B。

3. 將 2 沾滿 a。

4. 以加熱到 180℃的油，將 3 炸約 1 分鐘 C，取出之後撒鹽。

5. 平底鍋裡倒入芝麻油，開中火，將 b 倒入之後稍微拌炒 D。

6. 將 4 裝盤，再撒上 5。

將米茄子削皮，切成棒狀。

先將米茄子過水，以便沾上麵衣。

整體沾滿麵衣後，用油炸到微焦。

用芝麻油快速拌炒搭配的彩色蔬菜。

日本 Japan

日本

竹筴魚泥

竹筴魚泥是將漁船上剛釣起來的魚剁成泥所製成的漁夫料理。在居酒屋等也非常受歡迎，據說名稱（namerou）來自好吃到想讓人把盤子舔乾淨（nameru）。

材料（2 人份）

竹筴魚……1 尾
薑……1 小塊
大蔥……1/4 根
大葉紫蘇……2 片
味噌……1/2 小匙

作法

1. 將竹筴魚 3 枚切，以鑷子去除魚刺，並剝去魚皮 A。
2. 將薑、大蔥、大葉紫蘇切末，並準備味噌 B。
3. 將 1 切碎後，放在 2 上，再用菜刀剁出黏性 C。

將竹筴魚以 3 枚切處理，去除中骨、拔除細刺並剝皮。

將混合用的佐料放在砧板上準備好。

將竹筴魚與 2 混合，以筷子剁出黏性。

SHOP DATA

新宿芒果樹咖啡店

「芒果樹咖啡」1 號店，是總店位於曼谷的泰國料理餐廳「mango tree」的姊妹店，以「輕鬆享用泰國傳統滋味」概念。可不受拘束地享用正統泰國料理。

地址／東京都新宿區西新宿 1-1-5（LUMINE 新宿 1）7F
營業時間／ 11：00 ～ 22：30
店休／不定期（以商場休息日為準）
網站／ http://mangotree.jp/

Kemuri Curry

市集人氣餐車「Kemuri Curry」的店面。配料使用豐富的蔬菜。堅持以當季食材與天然調味料烹調的湯咖哩與乾咖哩，連饕客也讚不絕口，遠道而來的客人絡繹不絕。

地址／神奈川縣平塚市紅谷町 12-11
營業時間／ 11：30 ～ 14：30、17：00 ～ 22：00
店休／週一、週三、週日　※ 參加活動的週六也休息
網站／ https://ameblo.jp/kemuri-curry/

Moyan Curry

曾擔任體育教練的老闆，積年累月研發出的健康咖哩。不使用麵粉，而是以大量蔬菜水果，耗費數天熬煮而成，最後加入獨家調配的熟成香料，吃過一次就會上癮。

地址／東京都千代田區大手町 1-2（大手門 Tower）B1
營業時間／ 11：30 ～ 15：00、18：00 ～ 23：30，
　　　　　　週六、假日 11：30 ～ 16：00
店休／週日
網站／ https://www.moyan.jp/

El Mambo

以西班牙鄉土料理與現代摩登料理為基礎，以嚴選素材製作的西班牙小吃。所有的酒都是女性侍酒師挑選有機～自然派西班牙葡萄酒，也可享受料理與美酒的搭配。

地址／神奈川県茅崎市共惠 1-5-20
營業時間／ 17：00 ～凌晨 1：00 最後點餐，
　　　　　　週日、假日 15：00 ～ 23：00 最後點餐
店休／週一、週二（每月 2 次）
網站／ http://elmambo.jp/

TORO TOKYO

名廚理查・桑多瓦（Richard Sandoval）在全世界開設以墨西哥料理為首的各式拉丁料理餐廳之一。店內空間寬敞，從 2 樓的大窗戶可以眺望銀座夜景，呈現給顧客品嘗美食與美酒的奢華時光。店內也提供塔可餅、巴西烤肉等豐富的拉丁料理與各式各樣的酒類，也能享用調酒。

地址／東京都中央區銀座 6-2 先（銀座 Corridor 街）
營業時間／ 17：00 ～凌晨 3：00，週六 11：00 ～凌晨 3：00，週日 11：00 ～ 22：00
店休／無
網站／ https://torogastrobar.jp/

Drango Bar

以中華料理為基礎所開發的獨家料理相當美味。由女性侍酒師挑選出適合中華風與異國風料理的紅酒。不妨前來充滿異國風情的店內，體驗海外旅行的氛圍。

地址／神奈川線茅崎市濱竹 3-2-27
營業時間／ 17：00 ～凌晨 1：00，週六、
　　　　　假日 17：00 ～ 24：00
店休／週日
網站／ https://ameblo.jp/dragon-bar/

國 meshiCuisineNaturelle

使用優質食材製作美味料理，打造健康的身體。主廚親自前往農田嚴選自己認可的食材，並以這些食材烹調。使用橫濱無農藥蔬菜，與清川村品牌豬的自然派料理相當受歡迎。主廚除了辦外燴與到府服務之外，也在飲食相關活動中大顯身手。

HP ／ http://kunimeshicn.favy.jp/

世界下酒菜圖鑑

從文化、趣味、專業角度，讓飲酒吃食更盡興
世界のおつまみ図鑑

作　者	《世界下酒菜圖鑑》編輯部	
譯　者	林詠純	
繪　者	子仙	
裝幀設計	黃昀嘉	
責任編輯	王辰元	

發 行 人　蘇拾平
總 編 輯　蘇拾平
副總編輯　王辰元
資深主編　夏于翔
主　編　李明瑾
行銷企畫　廖倚萱
業務發行　王綏晨、邱紹溢、劉文雅

出　版　日出出版
　　　　　新北市231新店區北新路三段207-3號5樓
　　　　　電話：（02）8913-1005 傳真：（02）8913-1056
發　行　大雁出版基地
　　　　　新北市231新店區北新路三段207-3號5樓
　　　　　24小時傳真服務 （02）8913-1056
　　　　　Email：andbooks@andbooks.com.tw
　　　　　劃撥帳號：19983379　戶名：大雁文化事業股份有限公司

二 版 一 刷　2024年4月
定　　價　480元
I　S　B　N　978-626-7460-15-3
I　S　B　N　978-626-7460-12-2（EPUB）

〈原書工作人員〉

設　　　　計　小谷田一美
攝　　　　影　久保寺誠
文　　　　字　西沢直
料理・食譜・擺盤設計（店家以外）　　South Point、藤沢セリカ
TEN COUNT創意團隊的使命是追求世界上美麗、精彩與有趣的事物，費心研究並傳授人們將之帶進生活的方法。以料理研究家藤沢セリカ為中心，從企畫、攝影、擺盤設計到執筆為文，全方位精心製作
企　畫・編　輯　成田すず江、藤沢セリカ（TEN COUNT）、成田泉（LAP）
編　　　　輯　伏嶋夏希（Mynavi Publishing）
花　藝　顧　問　福島康代
巴　斯　克　顧　問　山口純子
攝　影　協　力　福島啓二、Floral_Atelier、西班牙観光局

下酒菜協力廠商　　国分グループ本社株式会社、マルハニチロ株式会社、株式会社ホテイフーズコーポレーション、株式会社ふくや、株式会社明治屋

參　考　書　籍　　『世界のおつまみレシピ』本山尚義著（株式会社主婦と生活社）
　　　　　　　　　『野口シェフのドイツ料理』野口浩資著（株式会社里文出版）
　　　　　　　　　『世界のカレー図鑑』（株式会社マイナビ出版）

國家圖書館出版品預行編目 (CIP) 資料

世界下酒菜圖鑑：從文化、趣味、專業角度，
讓飲酒吃食更盡興 /《世界下酒菜圖鑑》編
輯部著；林詠純譯 . -- 二版 . -- 新北市：日
出出版：大雁文化事業股份有限公司發行，
2024.4
　面；公分 .--
譯自：世界のおつまみ図鑑
ISBN 978-626-7460-15-3(平裝)
1. 食譜

427.1　　　　　　　　113004219